HENAN DAXUE
WULIXUE XUEKESHI

河南大学
物理学学科史

河南大学物理与电子学院编写组　编

河南大学出版社
HENAN UNIVERSITY PRESS
·郑州·

图书在版编目(CIP)数据

河南大学物理学学科史 / 河南大学物理与电子学院编写组编. --郑州:河南大学出版社,2023.8
　ISBN 978-7-5649-5601-1

　Ⅰ.①河… Ⅱ.①河… Ⅲ.①河南大学-物理学-学科发展-概况 Ⅳ.①O4-126.13

中国国家版本馆 CIP 数据核字(2023)第 162669 号

责任编辑　陈国剑
责任校对　王四朋　范国东
封面设计　马　龙

出　版	河南大学出版社			
	地址:郑州市郑东新区商务外环中华大厦 2401 号		邮编:450046	
	电话:0371-86059701(营销部)		网址:hupress.henu.edu.cn	
排　版	郑州市今日文教印制有限公司			
印　刷	郑州印之星印务有限公司			
版　次	2023 年 8 月第 1 版		印　次	2023 年 8 月第 1 次印刷
开　本	787 mm×1092 mm　1/16		印　张	18.25
字　数	280 千字		定　价	56.00 元

(本书如有印装质量问题,请与河南大学出版社营销部联系调换。)

《河南大学物理学学科史》编委会

撰　　稿：河南大学物理与电子学院
主　　编：王宏华　　白　莹
编　　委：(按姓氏拼音排序)
　　　　　白　莹　邓　浩　黄明举　李国强　李新营
　　　　　凌兰雨　刘寒冰　任凤竹　王宏华　王　磊
　　　　　魏高明　尹延锋　张婧杰　张　强　赵高峰

编委及组稿人员(部分)合影

《河南大学学科史》总序

王立群

学科史是学科独立、发展、成熟的表征,从涓涓细流到波涛汹涌,不但足以见证一门学科持久进展的生命历程,也为自身内涵的丰富书写夯实了坚实的基础,理所当然地成为学科发展体系中不可或缺的组成部分,学科史作为一门独立学科的地位也因此愈来愈成为大众共识。

有着110年悠久历史的河南大学,其学科发展大体经历了萌芽、建立、发展、重建、繁荣等历史阶段。河南大学的学科发展史,既是河南大学110年行走的印迹,又是我国高等教育事业发展的缩影,与我国特定的社会历史环境息息相关,脉脉相通,更是一部学科史视野中的中国社会史。

瞻前而顾后,方赓续以不息。值河南大学建校110周年之际,凝聚各方力量,着力推出《河南大学学科史》系列丛书,以追根溯源,回顾河南大学文学、历史、法学等多学科建设发展的历程,系统完整地呈现不同学科的特色和优势;同时从学科纪事的视角对河南大学教育事业的发展变迁进行梳理和阐释,总结历史规律,反思经验教训,认清优势和不足,继而保有朝气和活力,向着更高的水平迈进。

1912年,河南大学发轫于河南贡院旧址上建立的新式学堂"河南留学欧美预备学校",建校伊始,便根植中原大地,将中华复兴和中原崛起的重任扛在肩上,110年栉风沐雨,弦歌不辍,与时代发展的脉搏同频共振。正因如此,深厚的文化底蕴和传统为河南大学各学科建设发展提供了肥沃的土壤和持续增长的因子。1923年更名为中州大学,当时设置文科、理科,其中文科设国文、哲学两系。1924年设教育学系,1925年设历史学系。1927年中州大学与河南公立法政专门学校、河南省立农业专门学校合并,改名国立第五中山大学。1927年7月,改名河南省立中山大学,下设文、理、农、法四科。1930年省立河南大学成立,设置文、理、农、法、医五大学院。1942年晋升为国立河南大学,拥有文、理、工、农、医、法等六大学院。此后河南大学经历三次拆分,至1956年开封师范学院时仅剩下文科院系。1984年,河南大学校名得以恢复。跨进21世纪,2000年,河南大学与开封医专、开封师专三校合并,成为一所拥有文、理、工、经、管、法、哲学、教育、历史、医学等十大科类的综合性大学。

学科建设是高校建设和发展的核心。110年来,河南大学学科建设立足中国情境,顺应时代需求,服务国家建设和区域发展,致力人才培养,积极构建较为完备的学科体系,全面提升学科水平。经过百余年的积淀和发展,目前学校学科涵盖文、史、哲、经、管、法、理、工、医、农、教育、艺术、交叉等13个学科门类,涉及48个硕士学位授权一级学科和21个博士学位授权一级学科,化学、材料科学、临床医学、工程学、植物学与动物学、药理学与毒理学、环境科学与生态学、生物学与生物化学、农业科学等9个学科进入ESI世界排名前1%。

新起点,新征程。2017年,教育部"双一流"建设高校及建设学科名单公布,河南大学生物学入选"双一流"建设学科名单,河南大学昂首阔步重返"国家队"。老树新枝更着花,百折不挠、自强不息的世纪学府站在了新的历史起点上,焕发出勃勃生机,掀开了历史发展的新篇章。

"明德新民,止于至善",这镌刻于河南大学明伦校区南大门内侧的八字校训,是传统大学之道与现代大学精神的高度凝聚,润物无声,潜移默化,早已渗透进每一个河大人的筋骨血脉,沉淀为薪火赓续的基因。"苟日新,日日新,又日新"。在新的征程上,让我们牢记使命、铭记校训,贯彻落实省委省政府"双航母"战略部署,在建设"中国特色、世界一流、中原风格"的大学之道上勇立潮头,循道而行,适应国家对学科建设的新要求、新思路、新趋势,朝着世界一流大学的目标不断奋进!

编者的话

紧随中国共产党成立100周年，河南大学于2022年迎来了建校110周年校庆。我们特组织编撰《河南大学物理学学科史》一书，以期对河南大学物理学科的发展历程和进步轨迹进行较为系统的回顾和总结，对近百年来所取得的成就和经验进行全面的概括和展现，使读者对河南大学物理学科建设发展的历程有所认识和了解，也期望以此激励后人传承前辈精神、坚持守正创新，为河南大学物理学科的建设和发展创造更加辉煌的成就。

在本书的编撰过程中，得到了校内外诸多教师和校友的大力支持和帮助。特别是莫育俊、王德建、米新宾、景克通、符瑞生、孙铁、卜宏建、李蕴才、张伟风、徐书耀、闫峻、杜祖亮、毛海涛、尹国盛、黄备荒、宋秋安、顾玉宗、张强、黄明举、郭立俊等教师通过个人回忆和查找历史资料等，为本书的编写提供了大量珍贵的素材。许多教师还就编写的内容提出了具体的修改意见和建议，很多校友也为学科史的编辑提供了诸多宝贵的历史资料和精神上的倾心支持。在此一并表示衷心的感谢！

在本书的编撰过程中，学校档案馆、校史馆、人事处、发展规划处等部门提供了宝贵意见和大力支持。在此向他们表示由衷的感谢！

在本书的编撰过程中，我们坚持忠于历史和写真、写实的原则，试图将河南大学物理学科近百年发展的脉络进行详尽梳理。然而，近百年来，河南大学物理学科随学校发展历史的变迁和改革的进步几度分合重建，以及"文革"的冲击，现存的史料和档案严重匮乏，加上编者水平有限，尽管已经尽心竭力，书中仍难免存在遗漏和不尽如人意之处。诚望读者多提批评和建议，以期在今以后的修编中继续完善。

编　者

2022年4月

目 录

第一章　学科简介 …………………………………………………（ 1 ）
　一、发展历程 ………………………………………………（ 3 ）
　二、历任负责人 ……………………………………………（ 6 ）
　三、发展大事记 ……………………………………………（ 7 ）

第二章　学科人物 …………………………………………………（ 21 ）
　一、学术带头简介 …………………………………………（ 23 ）
　二、高层次人才入选者名录 ………………………………（ 50 ）
　三、曾任高级职称人员名录 ………………………………（ 52 ）
　四、现任高级职称人员名录 ………………………………（ 53 ）

第三章　学科平台 …………………………………………………（ 55 ）
　一、物理与电子国家级实验教学示范中心 ………………（ 57 ）
　二、特种功能材料教育部重点实验室 ……………………（ 58 ）
　三、河南大学光伏材料省重点实验室 ……………………（ 60 ）
　四、河南省铝镁铜基原位复合金属材料工程实验室 ……（ 61 ）
　五、河南省新能源材料与器件国际联合实验室 …………（ 62 ）
　六、河南大学理论物理基础研究联合中心 ………………（ 62 ）
　七、河南现代物理教育研究中心 …………………………（ 63 ）

第四章　人才培养 …………………………………………………（ 65 ）
　一、博士后名录 ……………………………………………（ 67 ）
　二、博士研究生名录 ………………………………………（ 68 ）

三、硕士研究生名录 ………………………………………………（ 69 ）
　　四、本科生名录 ……………………………………………………（ 72 ）
　　五、专科生名录 ……………………………………………………（ 93 ）
　　六、部分优秀校友简介 ……………………………………………（ 94 ）

第五章　科学研究 ………………………………………………………（117）
　　一、省部级及以上科技奖励 ………………………………………（119）
　　二、省部级及以上教学成果奖励 …………………………………（120）
　　三、国家自然科学基金项目 ………………………………………（120）
　　四、授权国家发明专利 ……………………………………………（132）
　　五、标志性科研成果简介 …………………………………………（143）

第六章　学人纪事 ………………………………………………………（153）
　　一、格物穷理求真知　自强不息传薪火 …………………………（155）
　　二、一篇未完成的文章 ……………………………………………（172）
　　三、人生的追求 ……………………………………………………（175）
　　四、王德建：一片冰心念河大 ……………………………………（179）
　　五、王渊旭：用生命溅起历史洪流的浪花 ………………………（182）
　　六、白莹：科教路上的奋斗者,勇攀高峰的领路人 ………………（190）
　　七、张锦龙：开张天岸马,奇逸人中龙 ……………………………（194）
　　八、他把量子力学讲成了大白话 …………………………………（197）

第七章　历史印迹 ………………………………………………………（201）
　　一、河大过往 ………………………………………………………（203）
　　　　纸上得来终觉浅,绝知此事要躬行 …………………………（203）
　　　　一个家族与百年河大的跨世情缘 ……………………………（210）
　　　　我的河大缘 ……………………………………………………（215）
　　　　生活不仅是眼前的苟且,还有诗与远方 ……………………（217）
　　　　书香校园,点亮人生 …………………………………………（223）
　　二、历史瞬间 ………………………………………………………（225）
　　三、毕业生照片 ……………………………………………………（247）
　　　　本科生照片 ……………………………………………………（247）

研究生照片 …………………………………………………… (268)
参考文献 ……………………………………………………………… (273)
附录 …………………………………………………………………… (277)
　　院风 ……………………………………………………………… (279)
　　院训 ……………………………………………………………… (279)
　　院徽 ……………………………………………………………… (279)

第一章 学科简介

河南大学物理学科办学历史悠久、人才培养体系完备、专业特色鲜明。

一、发展历程

河南大学物理学科始于1923年建立的中州大学数理系下设的物理组,现已发展成为拥有本、硕、博完备的人才培养体系。据不完全统计,新中国成立后共培养博士后人员37名、博士研究生49名、硕士研究生416名、本专科学生6 000余名,拥有国家级教学平台1个和省部级科研平台4个,获得国家级、省级科学技术进步奖、自然科学奖和教学成果奖13项,主持国家自然科学基金154项,获授权国家发明专利179件。学科发展大致分5个阶段。

第一阶段,自1923年在中州大学时期数理系下设物理组开始,至1955年河南师范学院进行调整,物理系迁往新乡办学结束。此阶段为河南大学物理学科的初创和调整期,主要工作是培养理科人才和建立教学实验室。

1923年,在河南留学欧美预备学校的基础上建立的中州大学,设文、理两科,理科下设数理学等系,数理系又下设物理组,招收本科学生。1924年,学校设立物理实验室,一次能供40人做实验,配有力学、热学、电学、光学各种实验仪器数百种。至1929年,国立开封中山大学(国立第五中山大学)物理学科的物理实验仪器有了较大的增加,仅力学实验仪器就有80余种450件。

1930年,河南大学理学院下设物理学系,开设独立的物理学专业。1933年,学校机构设置调整,理学院下设数学、物理、化学、生物4系。物理系下设物理学专业,有3个实验室。普通物理实验仪器及高等仪器共计631件,可供普通物理实验和高等物理实验使用。开设有机械学、力学、热学、天文学、天体力学、数学物理方法等必修课程17门,选修课程10余门。1937年"卢沟桥事变"后,物理系随理学院迁至洛阳栾川潭头继续办学。1945年抗日战争胜利后,国立河南大学数学系和物理系又合并为数理系,系下设数学组、物理组。1953年中华人民共和国教育部和政务院文教委员会决定河南大学与平原师范学院两校合并,统称为河南师范学院,在开封、新乡两地办学,分称一院、二院。1955年8月,中共河南省委对河南师范学院进行调整,决定将文科集中在开封办学,理科集中在新乡办学,物理系随迁往二院。其间,曹理卿、赵新吾、樊映川、黄敦慈、程锡年等先后领导物理组开展工作。在当时的历史条件下,物理学科与数学学科或合系发展或独立运行，最终稳定下来的物理学专业成为新乡师范学院的一部分。

第二阶段，以1959年开封师范学院重建物理系为开始，以1984年恢复河南大学校名为结束标志。此阶段为重建和发展期，主要工作是培养物理学专业的师范人才。

1959年7月，经中央人民政府批准，河南省委、省政府本着加强老校、扩大内涵的原则，决定将开封师范专科学校并入开封师范学院，学校新增数学、物理、化学、生物4个系。未合并前，开封师范专科学校设有物理科，招收两年制专科学生；合并后，开封师范学院重建的物理系，招收本、专科学生。翟子荣任物理系主任、党支部书记，马襄文任副主任。"文革"期间曾一度停止招收本科生，1977年才予以恢复，随后逐渐建立了相对齐全的教学研究室、教学实验室和教育实习实践基地。至1980年代初，建立了普通物理教研室、理论物理教研室、普通物理实验教研室、近代物理实验教研室、公共物理教研室、函授教研室、德育教研室、中学物理教材教法教研室等8个教学研究室，力学实验室、热学实验室、电学实验室、光学实验室、近代物理实验室、电工实验室、电子技术实验室、中学物理教法实验室等8个教学实验室。以物理系工艺室为基础扩建而成的机械厂有铸造、机械加工、钳工装配等生产车间，除能生产小型车床、机具、机械零部件、铁制教学用具、台式钻床、农用水泵、解放牌汽车机油泵等产品外，还可为物理系学生提供实习场所。同时，积极开展国内和国际学术交流，邀请中国科学院数理学部委员、理论物理研究所副所长何祚庥和美籍华人、物理学家胡天育等来校讲学，开启河南大学物理学科学术交流之门。

第三阶段，以朱自强任物理系主任为开始，以凝聚态物理学完成第一届硕士研究生培养为结束。此阶段为科研开创期，主要工作是建立科研实验室和硕士学位授权点，为后续发展奠定了科研平台和人才基础。

1985年10月，朱自强作为专家引进河南大学。1986年4月起，朱自强任物理系主任。随之而来的是教学科研工作的新局面，使河南大学物理学科的人才培养和科学研究步入了新的发展阶段。他先后主持创建了固体物理研究室，成立了LB膜制备实验室、精细光谱分析实验室、功能材料合成实验室、计算机及电子仪器实验室和玻璃仪器室。期间主持完成国家自然科学基金项目3项，先后有多项科研成果通过省级鉴定，如经典场描绘仪、CHD-1型、2型多束He-Ne激光针灸仪和耳鼻咽喉腔内NE激光治疗仪。他开启了河南大学物理学科的研究生培养工作，所指导的19位研究生获得了吉林大学、河南师范大学等单位的硕士学位。河南大学于1993年获批凝聚态物理二级学科硕士学位授予权,于1995年开始招收第一届凝聚态物理硕士研究生。在朱自强的带领下,物理系开展了广泛的国际国内学术交流——邀请国际著名物理学家袁家骝博士来校讲学,举办中国化学学会LB膜专业组成立大会暨全国第一届LB膜学术研讨会,举办第三届苏、鲁、豫、皖物理教育研讨会,赴韩国参加"中韩双边合成金属学术会议"等。

此阶段,机构、人员数经调整。1988年7月,物理系自动控制教研室、电子线路实验室、电工实验室及其教职工和物理学专业招收的1985级和1986级两届自动控制方向的本科生并入计算机科学系。1988年11月,物理系部分教师与原美术系部分教师一起调入新成立的河南大学工艺美术与建筑工程系。

第四阶段,主要是提升科研平台、完善物理学科的培养层次,以获得物理学一级学科博士学位授予权为结束。此阶段为高层次突破期,除建立了本、硕、博完整的人才培养体系外,科研和教学平台均取得了突破。

1)逐步完成博士学位点建设工作。1993年,凝聚态物理学获批二级学科硕士学位授予权,开始招收凝聚态物理学硕士研究生;1998年,光学获批二级学科硕士学位授予权;2003年,凝聚态物理学获批二级学科博士学位授予权,理论物理学获得二级学科硕士学位授予权;2005年,物理学获批一级学科硕士学位授予权;2007年,获准设立物理学博士后科研流动站;2018年,物理学获批一级学科博士学位授予权。

2000年以来,河南大学物理学学科先后被遴选为第七、八、九批河南省重点学科。2009年,入选河南省特色专业。2016年,作为组成学科入选"纳米材料与器件"河南省优势特色学科群。先后完成第三轮、第四轮学科评估,并在第三轮学科评估中排名第46位,在第四轮学科评估中物理学获评C+。2014年,在物理学专业本科生开设明德实验班,探索拔尖创新人才培养模式。

2003年,获批特种功能材料教育部重点实验室;2008年,获批河南省光伏材料重点实验室;2015年获批物理与电子国家级实验教学示范中心;2016年获批河南省镁铝铜基原位复合金属材料工程实验室;2017年获批高效显示与照明技术国家地方联合工程研究中心。

2)国家级人才不断取得突破。2000年,莫育俊入选"享受国务院政府特殊津贴专家";2001年,李蕴才获批"全国优秀教师"荣誉称号;2002年,杜祖亮入选"享受国务院政府特殊津贴专家";2015年,程纲获批国家自然科学优秀青年基金。物理系科学研究实力不断提升,获批教育部长江学者和创新团队发展计划、国家自然科学基金、河南省联合基金重点项目等有显示度的科研项目98项,获得9项省部级奖励,有效支撑了学科发展。

3)学科主体建设单位经历合并和多次名称变更。2000年7月,河南大学与开封医学高等专科学校、开封师范高等专科学校合并,组建了新的河南大学。2002年4月,原开封师范高等专科学校物理系并入河南大学物理系,成立物理与信息光电子学院,下设物理学、测控技术与仪器、通信工程3个系。2006年,更名为物理与电子学院。2018年,以特种功能材料实验室为主体成立的河南大学材料学院,成为材料科学与工程一级学科建设主体单位。2018年12月,河南大学光伏材料省重点实验室开始独立运行。

第五阶段,自2019年开始至今。此阶段为凝心聚力时期,主要以实现物理学一级学科内涵式发展为引领,开展创新型科研和教学工作。

1)平台建设不断优化。新增河南省新能源材料与器件国际联合实验室。

2)科研实力进一步提升。获得河南省自然科学二等奖2项,三等奖2项。

3)高层次人才队伍建设获得突破。2019年,申怀彬获批国家自然科学优秀青年基金;2020年,陈珂入选国家"万人计划"青年拔尖人才计划。

4)专业建设不断提升。2019年,完成本科教学评估工作,物理学入选首批国家级一流专业建设点。2019年,在物理学专业开设"菁英计划"班,探索本硕贯通培养模式。

二、历任负责人

● 历任院(系)主任(院长)

姓 名	职 务	任职时间	备 注
曹理卿	主任	1923—1927	
赵维汉	主任	1927—1929	
郝象吾	院长	1929—?	
樊映川	主任	1946—1948	
黄敦慈	主任	1949—1952	
程锡年	主任	1953—1955	

续表

姓 名	职 务	任职时间	备 注
翟子荣	主任	1960—1962	
马襄文	主任	1979—1985	
朱自强	主任	1986.04—1994.12	
黄亚彬	主任	2001.12—2002.04	兼
张伟风	院长	2002.04—2013.06	
顾玉宗	院长	2013.06—2018.07	
王渊旭	院长	2018.07—2019.10	
白 莹	院长	2020.06—	其中 2020.06—2021.08 任副院长(主持工作)

● 历任院(系)党委(总支)书记

姓 名	职 务	任职时间	备 注
翟子荣	党总支书记	1959.07—	
管文海	党总支书记	1972.02—1973.06	
王昭玺	党总支书记	1973.06—1979.12	
张明启	党总支书记	1979.12—1983.12	
戴鸿儒	党总支书记	1986.04—1986.11	兼
赵振海	党总支书记	1986.11—1993.02	
张克让	党总支书记	1993.02—1994.12	
符瑞生	党总支书记	1994.12—2001.12	
孙 铁	党总支书记	2001.12—2004.07	
徐书耀	党总支书记	2004.07—2008.11	
方 蒙	党委书记	2008.11—2013.05	
王宏华	党委书记	2013.05—	

三、发展大事记

● 1923 年

中州大学举行开学典礼,设文、理两科,理科下设数理学系,曹理卿任主任。

● 1927 年

河南中山大学理科下设数理系,赵新吾任主任。

● 1929 年

河南中山大学理学院下设有数理系,内分数学组与物理组,郝象吾任理学院院长。

◉ 1930 年

省立河南大学理学院设物理系。

◉ 1933 年

省立河南大学理学院设算理、化学、生物、土木工程四系。

◉ 1937 年

省立河南大学理学院迁往鸡公山,从此开始了长达 8 年的流亡办学。

◉ 1942 年

国立河南大学物理系和数学系合并为数理系。

樊映川任数理学系主任,孙祥正任理学院院长。

◉ 1945 年

抗日战争胜利后,学校复建,数学系和物理系又合并为数理系,系下设数学组、物理组。

◉ 1949 年

黄敦慈任数理学系主任,樊映川任理学院院长。

◉ 1950 年

河南大学数理系内设物理组和数学组,程锡年为物理组负责人。

◉ 1952 年

9 月 3 日,数理系分为数学系和物理系。

◉ 1953 年

明确河南师范学院二院招物理科和数学科。

河南师范学院设数学系与物理系。

程锡年任河南师范学院物理系主任。

◉ 1955 年

8 月 6 日,决定将河南师范学院数学、物理、化学三系调往新乡二院。

8 月 28 日,物理系负责人到二院报到。

8 月 31 日,物理教研室主任到二院报到。

9月4日,物理教师和工作人员到二院报到。

9月6日,物理系留校学生集体到二院报到注册。

● 1959年

7月1日,经中央人民政府教育部同意,河南省委、省政府本着加强老校、扩大内涵的原则,决定将开封师范专科学校并入开封师范学院。学校新增数学、物理、化学、生物4个系。

马襄文任开封师范学院物理系副主任,翟子荣任书记。

物理学专业开始招收三年制专科函授生。

● 1960年

2月18日,开封师范学院物理系增设无线电电子学专业。

4月28日,翟子荣任开封师范学院物理系主任。

6月30日,马襄文任开封师范学院物理系副主任。

● 1961年

11月16日,王灿勋任开封师范学院物理系副主任。

● 1962年

春,开封师范学院物理学专业的函授班转入新乡师范学院。

5月19日,翟子荣卸任开封师范学院物理系主任。

7月18日,马襄文、王灿勋、翟子荣、姚淑莲、张宏甫、朱伯俊、马灵先、冯卓凡、窦霓军等任开封师范学院物理系系务委员会委员。

● 1963年

9月9日,朱伯俊任开封师范学院物理系副主任。

开封师范学院物理系建有3个基层教学组织:理论物理教研室,主任王灿勋;普通物理教研室,主任张弘甫;电工无线电教研室主任朱伯俊、马灵先。

● 1966年

开封师范学院物理系建有3个基层教学组织:力学热学教研室,主任陈勉之,副主任杨民宽;光学原子物理教研室,主任张弘甫,秘书王新民;电学教研室,主任王灿勋,副主任窦霓军、马灵先。

马襄文任开封师范学院科学研究工作委员会副主任委员。

● 1967 年

2 月,樊映川逝世。

● 1970 年

9 月 9 日,马襄文任开封师范学院物理系主任。

● 1972 年

3 月 2 日,管文海任开封师范学院物理系党总支书记。

10 月 20 日,朱骏舟任开封师范学院物理党支部副书记兼任机械厂党支部书记。

● 1973 年

3 月,美籍华人、物理学家胡天育教授莅校访问。

6 月 11 日,王昭玺任开封师范学院物理系党总支书记。

8 月 24 日,王灿勋任开封师范学院物理系党总支副书记。

● 1975 年

7 月,开封师范学院信阳分院成立,设物理学专业。

8 月 6 日,胡玉元、向克明任开封师范学院物理系党总支副书记。

● 1978 年

4 月 29 日,马襄文任开封师范学院物理系副主任。

8 月 8 日,马襄文任开封师范学院物理系党总支副书记。

11 月 25 日,薛学增任开封师范学院物理系党总支副书记。

● 1979 年

3 月 14 日,马襄文任河南师范大学物理系主任。

12 月 13 日,张明启任河南师范大学物理系党总支书记。

● 1981 年

3 月 19 日,肖聚银任河南师范大学物理系党总支副书记,米新宾任河南师范大学物理系副主任。

6 月 1 日,蔡凤鑫任河南师范大学物理系副主任。

9 月 3 日,同意授予美国弗吉尼亚州立大学物理系教授胡天育为河南师范大学名誉教授。8日，为胡天育教授颁发聘书。

● 1982年

2月8日，物理学获得学士学位授予权。

● 1983年

4月1日，中国科学院数理学部委员、理论物理研究所副所长何祚庥来我校作学术报告。

8月3日，举办河南省高校物理实验讲习班。

12月24日，王正秋、袁顺友任河南师范大学物理系党总支副书记，蔡凤鑫、米新宾、鲍耀三任河南师范大学物理系副主任。

物理楼建成投入使用，建筑面积6 657 m²。

● 1984年

4月，中共河南省委决定恢复河南大学校名。

● 1985年

10月，朱自强到河南大学工作。

11月22日，青年教师张择赴美国弗吉尼亚大学攻读理论物理硕士学位。

● 1986年

3月24日，河南大学物理系研制的"静电场描绘仪"通过省级鉴定。

4月29日，戴鸿儒任河南大学物理系党总支书记（兼），朱自强任河南大学物理系主任。

9月27日，国际著名物理学家袁家骝受聘河南大学名誉教授。

11月10日，赵振海任河南大学物理系党总支书记。

● 1987年

3月23日，鲍耀三任河南大学物理系党总支副书记，符瑞生任河南大学物理系副主任。

6月13日，决定建立物理系固体物理研究室。

10月，朱自强获批国家自然科学基金项目"LB膜的光电性能研究"，为河南大学争得第一个国家自然科学基金项目。

● 1988 年

李方正等研制的"CHD-1 型多束 He-Ne 激光针灸仪",由中央电视台、河南电视台和《人民日报》《文汇报》等分别作了报道,产生了较大影响。

7 月 29 日,李鸿寅任河南大学物理系副主任。

9 月,举办"中国化学学会 LB 膜专业组成立大会暨全国第一届 LB 膜学术研讨会"。

● 1989 年

物理学本科(五年制)函授开始招生,当年招收学生 63 人。

12 月 12 日,卜宏建等研制的"CHD-2 型深部多束激光针灸仪"通过河南省科委技术鉴定。

● 1990 年

8 月 22-25 日,李方正、李学顺、卜宏建、毛海涛出席了在北京举行的 1990 年国际电子科学与工程学术会议,并宣读论文。

9 月 24-26 日,河南省高校留学归国人员经验交流暨表彰大会在我校举行,黄亚彬受到表彰。

10 月,朱自强获批国家自然科学基金项目"LB 膜的均匀性和稳定性及其对光电性能的影响研究"。

朱自强主持的"LB 膜在传感技术方面的应用——光敏传感器"课题被国家科委认定为高科技项目。

李方正等研制的 CHD-1 型、2 型多束 He-Ne 激光针灸仪和耳鼻咽喉腔内 NE 激光治疗仪在通过省级鉴定后,与开封手术器械厂等联手投入试生产。前两项已分别获得河南省第二届发明成果奖和河南省技术产品银杯奖。

10 月 27 日,举办第三届苏、鲁、豫、皖物理教育研讨会。

● 1992 年

1 月 25 日,符瑞生等主持的"羽蛋白饲料"课题通过河南省教委组织的鉴定。

LB 膜研究室入选《河南大学部分研究机构简介》。

● 1993 年

凝聚态物理获得二级学科硕士学位授予权。

1月10日,黄亚彬任河南大学物理系副主任。

1月19日,朱自强被中共河南省委、省政府授予第二批"河南省优秀专家"称号。

3月,朱自强入选享受省政府特殊津贴专家。

10月20日,朱自强获批国家自然科学基金项目"利用纳米技术制备同质异色发光材料研究"。

12月,蔡凤鑫任河南大学理工学院副院长。

◉ 1994年

2月28日,卜宏建任河南大学物理系副主任。

3月28日,朱自强入选"享受国务院政府特殊津贴专家"。

6月25日,固体表面实验室被学校确定为1994–1996年度校级重点实验室,凝聚态物理列为第二批校级重点学科。

7月17日,朱自强接国家自然科学基金会化学部通知,赴韩国参加"中韩双边合成金属学术会议"。

12月6日,符瑞生任河南大学物理系党总支书记,孟进芳、尹国盛任河南大学物理系副主任。

◉ 1995年

开始招收第一届凝聚态物理硕士研究生。

10月29日,朱自强逝世。

◉ 1996年

6月,莫育俊到河南大学工作。

◉ 1997年

物理系学位评定分委会成立。主席:卜宏建。副主席:孟进芳。委员:符瑞生,邹义夫,毛海涛,莫育俊,李蕴才。

教研室调整。调整后的教研室为实验教研室、质检教研室、物理教研室、成人教育教研室、固体物理研究室、计算机教研室、公共物理教研室。

3月28日,省重点学科凝聚态物理学通过省重点学科评审领导组检查。

5月,凝聚态物理学入选河南大学首批"跨世纪学术群体"。

6月,杜祖亮入选省级"跨世纪学术技术带头人"。

● 1998 年

在固体表面研究室的基础上成立河南大学润滑与功能材料实验室。

7月2日,余保龙、张强任河南大学物理系副主任。

9月15日,光学获批二级学科硕士学位授予权。

10月,河南大学润滑与功能材料实验室通过鉴定,被确定为河南省高校重点学科开放实验室。

● 1999 年

4月26日,河南省人民政府推荐莫育俊为中国科学院院士候选人。

7月5日,王吉山任河南大学物理系副主任。

12月1日,杜祖亮任润滑与功能材料重点学科开放实验室副主任。

● 2000 年

5月16日,毛海涛任河南大学物理系副主任。

6月16日,莫育俊入选"享受国务院政府特殊津贴专家"。

● 2001 年

12月13日,黄亚彬任物理系主任(兼),孙铁任物理系党总支书记,张强、党玉敬任物理系党总支副书记,毛海涛、张伟风、罗有华、夏晓智任物理系副主任。

● 2002 年

杜祖亮入选"享受国务院政府特殊津贴专家"。

4月9日,物理系更名为物理与信息光电子学院。

4月10日,张伟风任物理与信息光电子学院院长。

5月10日,聘中国科学院院士侯洵为物理与信息光电子学院名誉院长。

● 2003 年

物理与信息光电子学院由河南大学明伦校区迁至金明校区。

普通物理实验室和电工电子实验室分出,成立河南大学基础实验教学中心。

在润滑与功能材料实验室的基础上,获批特种功能材料教育部重点实验室。

9月17日,获批理论物理二级学科硕士学位授予权。

9月27日,获批凝聚态物理二级学科博士学位授予权。

◉ 2004 年

开始招收凝聚态物理博士研究生,首届 4 人。

6 月 25 日,罗有华入选理论物理学科校特聘教授。

6 月 25 日,凝聚态物理、光学入选河南大学"优秀学术群体",牵头人分别为杜祖亮、顾玉宗。

7 月 15 日,徐书耀任河南大学物理与信息光电子学院党总支书记。

◉ 2005 年

获批物理学一级学科硕士学位授予权。

光学获批河南省精品课程,负责人:尹国盛。

7 月 14 日,黄明举任河南大学物理与信息光电子学院副院长。

◉ 2006 年

1 月 11 日,杜祖亮任特种功能材料教育部重点实验室副主任。

1 月 11 日,成立河南大学校级重点研究机构:光学与光电子技术研究所,聘任郭立俊为所长;微系统物理研究所,聘任顾玉宗为所长。

11 月 18 日,物理与信息光电子学院更名为物理与电子学院。

◉ 2007 年

8 月,获批物理学博士后科研流动站。

9 月 11 日,成立河南大学计算材料科学研究所,王渊旭任所长;成立河南大学光生物物理研究所,刘波任所长。

◉ 2008 年

通过招标方式,获批与河南师范大学共同建设河南省光伏材料重点实验室,王占国院士任学术委员会主任。

原子物理学获批河南省精品课程,负责人:张忠锁。

11 月 3 日,张伟风任河南大学物理与电子学院院长。

11 月 14 日,党玉敬任河南大学物理与电子学院党委副书记,黄明举、宋秋安任物理与电子学院副院长。

11 月 15 日,方蒙任河南大学物理与电子学院党委书记。

● 2009 年

1 月 12 日,学校决定成立光伏材料重点实验室(正处级),挂靠物理与电子学院。

1 月 19 日,张伟风任光伏材料重点实验室常务副主任(兼),毛艳丽任光伏材料重点实验室副主任,顾玉宗任河南大学物理与电子学院副院长。

● 2010 年

5 月 4 日,郭立俊任河南大学物理与电子学院副院长。

5 月 6 日,党玉敬任河南大学物理与电子学院副院长,王春晓任河南大学物理与电子学院党委副书记。

● 2011 年

光伏材料省重点实验室学术委员会会议在北京召开。

近代物理实验获批河南省精品课程,负责人:张伟风。

获批特种高效能源材料教育部长江学者和创新团队发展计划,牵头人:杜祖亮。

● 2012 年

4 月 5 日,杜祖亮任特种功能材料教育部重点实验室常务副主任。

物理与电子学院入选河南大学首批研究型学院。

物理学入选第八批省重点学科。

张伟风获批省特聘教授。

● 2013 年

近代物理实验获批河南省高等学校精品资源共享课程,负责人:张伟风。

"氧化物半导体纳米结构的光电特性"获河南省科学技术进步奖励二等奖,第一完成人:杜祖亮。

获批特种功能材料河南省高校国家重点实验室培育基地。

获批光电材料与器件教育部重点实验室培育基地。

承办第十一届全国固体缺陷学术研讨会暨第一届钙钛矿氧化物低维量子行为与调控会议。

5 月 24 日,王宏华任河南大学物理与电子学院党委书记。

5 月 24 日,杜祖亮任特种功能材料重点实验室常务副主任。

5 月 24 日,张伟风任光伏材料重点实验室常务副主任。

6月9日,翟俊涛任河南大学物理与电子学院副书记。

6月14日,顾玉宗任河南大学物理与电子学院院长。

7月5日,赵高峰、邱永宽任物理与电子学院副院长。

● 2014年

固体物理学获批省级双语教学示范课程,负责人:王渊旭。

杜祖亮获评中原学者。

获批纳米功能材料及其应用河南省协同创新中心。

"纳米结构有序材料的制备、组装及性能"获河南省科学技术进步奖励二等奖,第一完成人:杜祖亮。

光伏材料省重点实验室通过省科技厅的建设期满验收,正式运行。

2月19日,夏晓智任河南大学物理与电子学院副院长。学校撤销基础实验教学中心,原基础实验教学中心普通物理分中心、电工电子分中心调整到物理与电子学院,改为物理与电子学院普通物理实验教学中心、电工电子实验教学中心,承担相应的实验教学任务。普通物理10人、电工电子8人纳入物理与电子学院人事编制。

9月,"新课程教学设计——'分课型'构建教学模式的探索与实践"获得国家级教学成果二等奖,第二完成人:杜明荣。

● 2015年

激光原理及应用获批省级双语教学示范课程,负责人:李夕金。

原子物理学获批河南省高等学校精品资源共享课程,负责人:王渊旭。

程纲获批国家自然科学基金委员会优秀青年基金项目。

3月,物理学专业开始"明德计划"拔尖人才培养。

12月,物理学参与"纳米材料与器件"河南省优势特色学科群。带头人:杜祖亮,张伟风。

● 2016年

1月5日,乔石豪任物理与电子学院党委副书记。

获批物理与电子国家级实验教学示范中心,顾玉宗任主任。

获批纳米功能材料及其应用教育部长江学者和创新团队发展计划,牵头人:杜祖亮。

4月26日,获批河南省美铝铜基原位复合金属材料工程实验室,赵遵成任主任。

12月,"物理学师范专业课程设置的优化与改革研究"获河南省教师教育教学成果二等奖,第一完成人:杜明荣。

"高效能量转换氧化物纳米材料的关键技术及创新应用"获河南省科学技术进步奖二等奖,第一完成人:张伟风。

"d^0和d^{10}电子组态光催化材料的无机复合改性和能带结构"获河南省科学技术进步奖三等奖,第一完成人:李国强。

● 2017年

完成物理学本科专业审核评估。

获批高效显示与照明技术国家地方联合工程研究中心,杜祖亮任中心主任。

物理学入选第九批省重点学科。

● 2018年

获批物理学一级学科博士学位授权点。

物理系获批河南省优秀基层教学组织。

陈珂入选"中原英才计划青年拔尖人才项目支持计划"。

"宽带隙半导体SiC的制备、微结构和磁性的实验与理论研究"获得河南省科学技术进步奖三等奖,第一完成人:郑海务。

7月13日,王宏华任河南大学物理与电子学院党委书记。

7月27日,王渊旭任河南大学物理与电子学院党委副书记、院长。

8月4日,魏高明、赵高峰任河南大学物理与电子学院副院长。

8月31日,李新营任河南大学物理与电子学院副院长。

10月23日,第十四次校长办公会议研究决定,河南大学光伏材料省重点实验室独立运行。

● 2019年

"本征低热导热电材料中的量子调控机制"获得河南省自然科学奖二等奖,第一完成人:王渊旭。

"高质量量子点发光材料与高品质QLED的设计与构筑"获得河南省自然科学奖二等奖,第一完成人:申怀彬。

申怀彬获批国家自然科学基金委员会优秀青年基金项目。

张伟风入选"中原英才计划——中原基础领军人才"。

白莹入选"中原英才计划青年拔尖人才项目支持计划"。

物理学专业实施河南大学本硕一体"菁英计划"培养模式。

物理学专业入选国家级一流专业建设点。

承办2019河南大学纳米碳材料高峰论坛。

承办第七届中国物理学会女科学家巡回报告会。

9月24日,王渊旭任物理与电子国家级实验教学示范中心主任,李国强任物理与电子国家级实验教学示范中心副主任。

10月28日,刘寒冰任河南大学物理与电子学院党委副书记,邓浩任河南大学物理与电子学院副院长。

12月31日,赵遵成任河南省铝美铜基原位复合金属材料工程实验室主任,王超为副主任。

◉ 2020年

郑海务上岗河南省特聘教授。

引进校人才特区支持计划第四层次人才李杰、黄河学者闻波和刘仁明。

完成物理学第五轮学科评估材料上报。

2月19日,获批建设河南省新能源材料与器件国际联合实验室。

6月15日,白莹任河南省新能源材料与器件国际联合实验室主任,张光彪任副主任。

6月17日,李国强任物理与电子国家级实验教学示范中心主任,魏凌任物理与电子国家级实验教学示范中心副主任。

6月23日,白莹任河南大学物理与电子党委副书记、副院长(主持工作)。

10月16日,召开"河南大学物理学科建设规划论证会",邀请龚新高、张振宇、沈健、姚裕贵、单崇新、贾瑜、张伟风等专家学者与会。

11月,陈珂入选中组部"万人计划"青年拔尖人才。

◉ 2021年

引进校人才特区支持计划第四层次人才王凯、王博和黄河学者李炎勇、朱经亚。

1月,物理系党支部分成第一党支部和第二党支部。

6月,成立河南现代物理教育研究中心,白莹任主任。

河南大学物理学科普教育基地被河南省科协、河南省文明办认定为河南省科普教育基地(2021-2025)。

戴树玺被河南省人才工作领导小组办公室、河南省科学技术协会聘任为河南省第三批首席科普专家。

8月18日,白莹任河南大学物理与电子学院院长。

12月9日,李国强任河南大学物理与电子学院副院长。

● 2022年

3月1日,闫冬上岗河南大学黄河学者。

3月11日,大学物理教工党支部入选第三批"全国党建工作样板支部"培育创建名单。

3月31日,"高性能二次电池关键材料改性创新研究及其应用"项目获河南省自然科学奖三等奖,第一完成人:白莹。

3月31日,"无铅氧化物材料的光伏性能调控和介电、光电性能研究"项目获河南省自然科学奖三等奖,第一完成人:郑海务。

4月,在八大街绿地科创中心九层拓展学科布局,部分课题组搬入。

第二章 学科人物

一、学术带头人简介

赵维汉(1898-1945),字新吾,河南遂平人,机械工程学家、教育家。1917年在河南留学欧美预备学校考取公费留学资格,次年赴美国伊里诺大学攻读机械工程专业。毕业后,考取美国密西根大学研究生院,并获机械工程学硕士学位,应导师挽留留校任教,1927年晋升为副教授。短期在美国供职,他深切感受到中国教育的落后,归国效力的愿望与日俱增。

赵维汉

1928年,赵维汉应河南中山大学校长邀请,离美回国,担任河南中山大学理科主任、理学院副教授,次年晋升为教授。1930年,河南中山大学更名为河南大学后,赵维汉先后担任校教务长、训导长、理学院院长等职。在任理学院院长期间,他十分重视教师在教学中的主导作用,积极引进国内外名家到理学院执教。同时,注意吸收外国先进大学办学经验,使理学院的教学、科研生机勃勃。

在河南大学流亡办学期间,赵维汉教授始终与师生同甘苦、共患难,支持学生组织学术团体,如"文风""新文艺"等。不少学术团体还办有相应的刊物,如《大学论坛》月刊等。这不仅是学生自我教育的重要形式,更是学生吸收新知识、锻炼能力、培养集体观念,以适应流亡艰苦生活的需要。赵维汉教授还与群众心连心,他常到困难群众家中,慷慨解囊,送钱送物,用真情和行动感染群众,深受大家爱戴。

赵维汉为人忠厚,追求真理,教书育人,孜孜不倦,为河南大学教学、科研作出了重要贡献。1945年,因积劳成疾,病逝于陕西宝鸡河南大学临时校址。

赵松鹤(1902-1964),字嵩河,河南方城人,英国皇家学会名誉院士,中国科学院学术委员、研究员、博士生导师、著名物理学家、教育家。1937年在河南大学考取公费出国留学资格,留学英国曼彻斯特大学,次年获物理学博士学位。尔后,在英国北威尔斯大学、剑桥大学深造,发表《钙钠长石X光检讨》《长石之构造》《钙钠长石之片层构造》《钙钠斜长石之等质替代复形构造》等多篇学术论文,引起英国物理学界的高度关注,被英国皇家学会吸收为外籍名誉院士、终身会员。从此,赵松鹤的名字在欧美各国不胫而走,英国皇家协会以高薪聘他留在英

赵松鹤

国工作,但他婉言谢绝。

1940年,在战火纷飞的年代,赵松鹤毅然回到祖国,先是受聘为中央大学理学院教授,后因对国民党政府的腐败、黑暗深恶痛绝,于1942年回到家乡河南,同年5月被聘为河南大学教授。时值河南大学流亡办学时期,教学科研条件比较艰苦,但他精心耕耘、博览深思,为河南大学的教学科研付出了辛勤劳动。1945年,河南大学结束流亡办学返回开封,他继续担任理学院教授,并积极参加"教授会"等进步活动,反对蒋介石独裁、卖国、内战行为。1948年,赵松鹤投奔华北解放区,参加革命工作。新中国成立后,他当选为首届中国物理学会会员。1954年,调任北京钢铁学院教授。

赵松鹤在河南大学任教期间,治学严谨,功力深厚,言必有据,思维敏捷,善于接受新论点,勇于进行新探求。他那追求真理、诲人不倦的精神和温和谦恭、虚怀若谷的品德,赢得了河南大学师生的敬重。

朱自强

朱自强(1934-1995),幼名钱承熹,江苏无锡人,著名物理学家,国家有突出贡献专家、国务院政府特殊津贴专家、河南省优秀专家,曾任河南大学教授、博士生导师、物理系主任、中国化学学会永久会员、中国化学学会有序分子膜专业委员会委员、河南省物理学会副理事长、河南省光学学会副理事长,河南省红外研究会总顾问,*Molecular Science*杂志编委等职务。2017年入选"感动河大"人物。

朱自强早年就读于上海圣芳济中学,毕业后升入南开大学物理学专业,师从著名物理学家胡刚复先生。1955年,大学毕业后赴吉林大学任教。1985年,作为专家被引进河南大学,任物理系主任。通过艰苦努力,在短期内创建了固体表面研究室,建立了河南大学第一个物理学硕士点,确立了物理学科发展方向,使河南大学理科科研工作步入新阶段。

朱自强先后主持并完成20余项国家和省部级研究课题,在国际、国内学术会议和核心期刊上发表学术论文100余篇。他撰写的《近代物理实验技术》LB膜专业技术一章,对分子有序组装技术独具见解,对该方面研究产生重要影响。他的学术研究涉及物理学、化学、生物学、数学、材料学、电子学等多学科,且都有较高建树。他与同行在国内率先开展光化学、有序分子膜、纳米材料、分子电子学等方面的研究,是国内最早从事LB膜研究的专家之一,是国际分子膜研究领域知名学者。1988年,中国化学学会LB膜专业组成立大会暨全国第一届LB膜学术研讨会在河南大学召开,奠定了我国该领域研究的基础。曾先后到法国、德国、日本、俄罗斯、加拿大等国家及香港地区进行访问、讲学和科研合作，为加强和促进国际学术交流、发展我国分子科学事业，作出了突出贡献。

朱自强学风严谨、生活勤俭、严于律己、乐观豁达，他不遗余力地关心、指导、帮助年轻人成长，他那先做人后做事以及注重思维方式和能力训练培养的教育思想，在生活和科研上带动和影响了一批人，先后培养硕士、博士研究生30余名。

朱自强热爱祖国、忠诚党的教育事业，具有强烈的民族自豪感。他知识渊博，不畏艰难、矢志不渝地在科研道路上努力进取。在生命最后几年，身患绝症，仍呕心沥血，时刻不停地坚持工作，把整个生命献给了科学和教育事业。他创建的科研基地和取得的成就，成为河南大学理工科科研发展的基石。

胡南琦

胡南琦（1926－1999），江苏省无锡人，教授，中国光学学会常务理事，中国《光学学报》副主编，精通英、德、法、俄等多种语言。1945－1949年，浙江大学理学院物理系毕业；1952－1954年，北京大学物理系研究生毕业；1954－1980年，吉林大学物理系工作；1980－1986年，国家教委所属高等教育出版社物理编辑，其间（1981－1983）到美国加州大学欧文分校做访问教授；1986年，到河南大学物理系任教，承担物理学、核物理、近代光学、表面物理、纳米粒子物理、量子光学、非线性光学、薄膜光学等课程教学任务。

主持参与国家自然科学基金多项，完成国家自然科学基金重点支持项目《中国物理学家论文选萃》译注和审定，参与国家自然科学基金重点项目的编写和审稿，完成《材料科学百科全书》光学材料类的撰写，在国内外学术期刊发表论文多篇。

莫育俊

莫育俊（1939－），湖南邵东人，教授，研究生导师，享受国务院政府特殊津贴专家，1999年中国科学院院士（数理学部）候选人（河南省推荐），中国物理学会光散射专业委员会委员，《光散射学报》副主编，《光谱学与光谱分析》编委，河南大学校学术委员会委员。

莫育俊1962年毕业于北京大学物理系，毕业后到中国科学院物理研究所工作，1982年赴瑞士联邦苏黎世高等理工学院（ETH-Zurich）深造，获理学博士学位。多次到日本（文部省分子科学研究所IMS）、意大利（国家科研中心CNR Roma）、韩国（高等技术学院KAST）、新加坡等国做访问教授进行合作研究。主要从事微波磁学、石榴石铁氧体磁性单晶生长和微波器件以及现代光谱学的理论和应用研究。获国家科学技术发明三等奖（课题负责人之一）和中国科学院自然科学三等奖（课题负责人）各1项。

1996年，莫育俊作为专家引进到河南大学物理系任教，并从事光谱学、凝聚态物理及应用研究工作。他是国内物理学界表面增强拉曼光谱学研究的先行者，在表面增强拉曼光谱理论和实验方面做出了系统性的创新研究成果，在国际上具有重要影响力。先后主持完成8项国家自然科学基金项目、1项中国瑞士国际合作基金（中方主持人）、1项第三世界科学院基金项目和4项河南省自然科学基金项目，在国内外重要学术刊物和国际会议发表论文100多篇，获得3项国家专利授权。

莫育俊为河南大学的学科建设、人才培养、平台建设、学位点申报和国内外学术交流做出了突出贡献。他学风严谨，责任心强，严于律己，宽以待人，给身边师生树立了良好的榜样。

王德建

王德建(1932-)，河南省开封人，教授。曾任中国激光全息与光信息处理专业委员会委员、中国光学学会科普委员会委员、河南省物理学会常务理事、河南省实验物理学专业委员会副主任、河南省物理学会大学实验物理委员会副主任、开封市物理学会副理事长。1954年7月，华中大学毕业；其后，一直在河南大学任教，曾任物理系实验物理及近代物理实验教研室主任。

承担普通物理学、光全息学、原子物理学、理论力学、普通物理实验等多门课程教学任务，主编《大学物理实验》《近代物理实验》教材2部，主审河南省职工高校教材《普通物理实验》及《普通物理习题解答》2部，参编《中国优秀教学仪器高教物理（第一辑）》《1986全国高教物理教学仪器优秀研究成果汇编》2部。

主持参与科研项目多项，获国家部委、省、市级科研成果奖7项。其中，"H.D.S-1型砂箱激光全息照相实验台"获国家教育委员会高校物理仪器优秀研究成果奖，"干荷电铅酸蓄电池"获河南省科技创新产品奖，经济效益与社会效益显著。"H.D.S-1型砂箱激光全息照相实验台""假彩色编码显示仪""激光全息大型旋转彩灯""单光束无防震台全息术"等，在全国全息展览会上，多次受到专家和中央领导称赞。参加国际学术活动与全国性学术会议27次、发表论文36篇。其学术成就和教学科研成果在国内外为河南大学多次争得荣誉。1986年，荣获"河南省实验室先进工作者"。

李方正(1937-),教授,曾任物理系激光研究室副主任、实验物理教研室主任、河南大学激光电子技术研究所所长、河南省光学学会理事。1956-1962 年,在北京大学物理系天体物理学专业学习并毕业;1962-1978 年,在国防科委七院七零七研究所工作;1978 年到河南大学物理系任教,承担光学、普物实验、激光原理、光学工程、光纤原理等课程教学任务。

李方正

主持参与科研项目 10 余项,其中"多束 He-Ne 激光针灸仪"获河南省第二届发明优秀奖,"调制式深部多束 He-Ne 激光针灸仪"获河南省首届高科技产品银杯奖,"He-Ne 激光治疗仪"获河南省教委科技进步三等奖。获实用新型专利 5 项,主编《激光原理与技术基础》教材 1 部,发表学术论文 18 篇。

李蕴才(1945-),博士,教授,博士生导师。1985 年,吉林大学物理系博士毕业,获博士学位,随后到河南大学工作。

先后主持并完成教育部、省和学校多项教学改革项目,主编《高等量子力学》教材 1 部,参编本科生教材 2 部。主持和参与国家、省级科研项目多项,发表论文 70 余篇。1997 年,获曾宪梓教育基金会高等师范院校教师三等奖;2001 年,获"全国优秀教师"荣誉称号;2003 年,获河南省"高校教学名师"奖。

李蕴才

符瑞生(1943-),河南洛阳人,教授,硕士生导师。历任河南大学人事处副处长,河南大学物理系副主任、党总支书记。兼任河南大学特种功能材料重点实验室副主任,河南省物理学会副理事长、秘书长。1967 年毕业于郑州大学物理系,1972 年 1 月到河南大学工作,2003 年 6 月正式退休,从事了 30 余年物理学科的教学、科研以及学科建设等工作。

符瑞生

在教学方面,先后承担高等数学、力学、光学、电学、热力学、统计物理、理论力学等本科课程及电子波动学等研究生课程的教学工作,培养多名研究生,获得"开封市教学名师"等荣誉称号。

在科研方面,发表有《拉格朗日方程的形式》《H. D. S1 砂箱型激光全息照相实验台的研究及信息存储的探讨》等 20 余篇科研论文,主持或参与省厅及校级科研项目 10 余项,其中"羽毛蛋白饲料项目"获得专利并评为省级优秀科研成果奖。主编的《物理实验教学法》,为物理系复建的力学实验室、热学实验室、电学实验室等的教学工作提供了教材支撑。

在学科建设方面,参与了凝聚态物理二级学科硕士点、光学二级学科硕士点、光学工程一级学科硕士点、检测技术与自动化装置二级学科硕士点、凝聚态物理二级学科博士点的成功申报,河南大学特种功能材料重点实验室的筹建,以及质量检测本科专业、通信工程本科专业的设置,为河南大学物理系从本科学位教育水平提升到博士研究生学位教育水平,发挥了领导、组织和重要的推动作用。

米新宾

米新宾(1939-),教授,河南周口人,曾任河南省物理学会副秘书长、副理事长,河南省中学物理研究会副理事长。1957年9月-1961年7月,在河南师范大学物理系学习;1961年7月-1988年7月,在河南大学物理系任教;1981年3月-1988年7月,任物理系副主任;1988年7月-1993年12月,任河南大学工艺美术与建筑工程系副主任;1993年12月,任河南大学建筑工程系总支书记,1995年6月兼任系主任。

承担原子物理学、激光、热学分子物理学、电磁学、光学、量子力学等课程的教学任务。科研成果主要有:1987-1989年,主持省教委"激光与生物肌体的相互作用"项目研究,任课题组组长;1988年,参与省科委"CHD-1型He-Ne激光综合医疗仪"项目研究,任课题组副组长,鉴定成果(〔94〕预科字鉴239号)为国内先进水平;1991-1993年,主持省教委"鱼池溶解氧的鉴定和控制"项目研究,任课题组组长。在国内外期刊发表学术论文10余篇,出版译著《量子力学基础教程》1部,参编《原子物理学》《建筑材料实验》教材2部。

蔡凤鑫

蔡凤鑫(1935-),河南舞阳人,教授。1981年,任物理系副主任;1993年9月,兼任质量检测系副主任;1993年12月,任理工学院副院长。曾任开封市物理学会理事长、河南省物理学会理事、全国高校量子力学研究会理事、开封市科学技术协会第三届委员会委员。1959年8月,毕业于武汉大学原子核物理学专业,毕业后任武汉大学物理系教师。1973年2月,到河南大学物理系任教。

承担高等量子力学、量子力学、自然科学史和模拟电子线路等课程的教学任务,多次获省、校级教学奖励。主持参与河南省科委自然科学基础研究、河南省教委自然科学基础研究项目等多项,主编《量子力学》教材 1 部(获中南大学出版社优秀图书二等奖),在省级以上刊物发表论文 10 余篇。

毛海涛(1954-),山东高密人,教授。1982 年,河南师范大学(现河南大学)物理学专业毕业;1982-2008 年,在河南大学物理系(物理与电子学院)工作,曾任实验物理、测控技术教研室主任,物理系副主任、物理与电子学院副院长;2008-2013 年,任河南大学民生学院副院长。曾任中国商品学会理事、全国质量工程学科学术委员会副主任委员、河南省光学学会副理事长。

毛海涛

先后担任 10 余门本科生及研究生课程教学,获省教学成果一等奖,2009 年入选评师网非 211 院校类电子与电气专业最受欢迎十大教授。他发表学术论文 60 余篇,出版《激光原理与技术基础》等教材和专著 10 部,主持和参与省部级以上科研项目 10 余项。研制的系列激光医疗设备等科研成果受到中央电视台新闻联播等栏目广泛报道,并获多项省级以上奖励。与部队联合研制的 2 项军用项目获中国人民解放军全军科技进步奖。激光光纤活动耦合器等 12 项技术获国家专利授权。

尹国盛(1955-),教授,硕士生导师,省教学标兵,省优秀基层教学组织负责人,省精品课程"光学"负责人。1975-1978 年,在河南大学物理系学习;1978 年,毕业留校工作;1984 年 9 月,入北京大学物理系首届助教进修班学习硕士研究生课程。曾任河南大学物理系副主任、工会主席。

尹国盛

承担光学、力学、理论力学、分子物理学与热力学、普通物理、普通物理实验、普物选讲、标准化、标准化管理、标准化技术等 12 门课程教学任务。主持和参与各级各类教改或科研项目 32 项。在国内外刊物上发表论(译)文 112 篇,其中 16 篇被 SCI、EI 和 CA 收录。主编《大学物理》《大学物理简明教程》《大学物理实验教程》《标准化管理》《标准化技术》等教材 18 部,其中《标准化技术》填补了国内空白,《大学物理简明教程》连续被评为河南省"十二五~十四五"普通高等教育规划教材,并获河南省首届高等学校优秀教材建设二等奖。获河南省高等教育教学成果二等奖、省自然科学优秀学术论文一等奖、二等奖。被评为河南大学"教书育人、为人师表"先进个人,开封市"为人师表"先进教育工作者。

黄亚彬(1957-2008),男,1957 年 3 月生,汉族,教授,博士生导师。1976 年 10 月-

黄亚彬

1979年8月，开封师范学院物理系物理学专业学习，1979年8月-1993年1月，河南大学物理系教师（其间：1985年9月-1987年7月，在北京大学理论物理研究生课程班学习；1987年9月-1989年10月，赴美国中康州大学及Nebraska大学进修）；1993年1月-1993年10月，任河南大学物理系副主任；1993年10月-1997年1月，任河南大学人事处副处长；1997年1月-2001年9月，任河南大学人事处处长（其间：1999年3月-1999年7月，在省委党校第24期中青班学习），2001年9月-2006年5月，任河南大学副校长；2006年5月-2008年2月，任河南大学党委副书记（其间：2007年3月-2007年6月，在国家行政学院学习）。

黄亚彬业务能力强，科研成果突出，先后发表论文30余篇（其中SCI收录10余篇），参加国家自然科学基金项目2项，主持省科委自然科学基金3项，曾任中国物理学会会员、河南省物理学会理事。先后获河南省优秀教育工作者和河南省教委留学回国人员教学、科研先进分子奖励。在工作中，他责任心强、作风严谨，坚持原则，秉公办事，敢于大胆创新，勇于实践。

张忠锁

张忠锁（1954-），教授，硕士生导师，校教学名师，河南省教学标兵，省精品课程原子物理负责人，省精品在线开放课程原子物理主要成员，中国物理学会会员。1974年9月，参加工作；1978年3月-1982年1月，在河南大学物理系学习；1982年2月-1984年6月，在渑池县高中任教。自1984年7月开始在河南大学工作，至2014年6月退休。曾任河南大学物理系资料室副主任、主任，近代物理实验室主任，质量检测系主任。

教过中学物理，主讲过普通物理实验、大学物理实验、原子物理、工程力学、误差理论、光电检测、标准化、标准化管理和标准化技术等课程；指导过物理、质检等专业多届学生的毕业论文；指导过10名硕士研究生；主持或参与的学校、省教委、省科委、省自然科学基金委和国家自然科学基金委的教改或科研项目34项。在国际、国内刊物上公开发表论（译）文64篇；主编有《大学物理实验》《近代物理实验》《标准化管理》《标准化技术》等教材8部（分别由河南科学技术出版社、机械工业出版社和高等教育出版社出版），其中《标准化管理》和《标准化技术》被河南省与河北省自考委指定为相关专业采用，且《标准化技术》一书填补了国内空白；多次出席国内学术会议；获得河南大学教学工作优秀奖、教学质量特等奖、优秀教学成果奖、教学成果特等奖、优秀科研成果奖65项。2005年,"物理学多媒体课件的研究与制作"获河南省高等教育省级教学成果一等奖;2012年,"电子电气课程体系优化和实验教学改革探索"获河南省教学成果一等奖。张忠锁为省级重点学科物理学、省级重点专业物理教育、省级优秀教学团队光学与近代物理实验、省级精品课程和精品在线开放课程原子物理学和国家级实验示范中心的骨干教师。

杜祖亮(1966-),博士,教授,博士生导师,河南省特聘教授,特种功能材料重点实验室常务副主任、材料学院院长,中原学者,中国有序分子膜专业委员会副主任,教育部新世纪优秀人才计划人选,教育部创新团队牵头人,享受政府特殊津贴专家,河南省优秀专家,河南省跨世纪学术和技术带头人培养对象。

杜祖亮

承担完成国家重大基础研究"973"前期专项、国家高科技"863"计划、国家自然科学基金重大纳米研究计划、国家自然科学基金、教育部新世纪优秀人才计划、教育部高校科技创新工程重大项目等国家级科研项目10余项,河南省创新人才项目、河南省杰出青年基金项目等省部级项目10余项。他发表SCI学术论文200余篇,鉴定成果7项,申报专利24件(已授权14件)。

专业研究方向为凝聚态物理与材料,目前主要从事纳米结构材料与器件、光电材料、分子组装等方面的研究。其学术成就主要在于以下几方面:发展了基于分子组装的纳米结构构筑技术,提出并建立了基于Langmuir膜的双模板仿生矿化材料合成新方法;发展了基于一维纳米结构的纳米器件,阐明了一维纳米材料的受控表面态的光电输运模型,发展了多种调控光电输运的方法,研制了基于表面肖特基势垒的光电纳米器件;发现并阐明了微米/纳米有序结构的光电增强现象,提出了利用多尺度有序结构实现高效光电增强,从而为全面提高薄膜太阳能电池效率建立了新思路。

张伟风(1965-),博士,教授,博士生导师,河南省特聘教授,日本材料物质研究所(NIMS)博士后,河南省光学学会副理事长,河南省跨世纪学术与技术带头人培养对象,河南省杰出青年科学基金获得者,入选河南省高校创新人才培养工程,学术期刊 *JPC*、*JACS* 审稿人,《河南大学学报(自然科学版)》编委。先后到中国香港、日本、加拿大、美国等国家和地区学习或访问。

张伟风

学术研究经历:1987年,毕业于河南大学物理系,同年考取河南大学固体物理学专业研究生;1990年,获吉林大学物理系固体物理硕士学位,同年起在河南大学固体表面实验室工作,从事Langmuir-Blodgett有序分子膜的制备和光电性能研究;1997年,考入南京大学物理系攻读博士学位,开展钙钛矿氧化物纳米材料和薄膜材料的光学性质研究;2000年博士研究生毕业,获凝聚态物理博士学位。在南京大学攻读博士学位期间,获得南京大学新星科学奖、中国科学院摩托罗拉奖学金、华科奖学金,其博士论文被评为南京大学优秀博士论文。1998年,破格晋升为副教授;2002年,破格晋升为教授;2003年起,任博士生导师;2000年,获得河南省杰出青年科学基金,同年被确定为河南省跨世纪学术及技术带头人培养对象;2002年,入选河南省高校创新人才培养工程计划;2001-2003年间,两次赴香港科技大学物理系访问学习;2004-2006年,在日本物质材料研究机构从事JSPS博士后交流研究;2010年,被评为河南省特聘教授。

主要学术成就:先后完成国家和省部级科研项目20余项。主要从事钙钛矿结构铁电和光电薄膜、异质结构以及纳米材料的制备、微结构表征和光电特性研究。在$SrBi_2Ta_2O_9$铁电薄膜的非线性光学响应和光限幅特性、TiO_2纳米管形成机制、六方相$YMnO_3$和正交相$YMnO_3$薄膜的制备新工艺和光学特性等方面开展了系统深入的研究工作,发现了$YMnO_3$薄膜的三阶非线性光学特性,$SrBi_2Ta_2O_9$薄膜具有显著的光限幅作用,澄清了TiO_2纳米管形成的机制,取得了创新性成果。负责建立了河南省光伏材料重点实验室和河南省高校光电信息技术重点学科开放实验室。发表论文180余篇,其中110多篇被SCI、EI收录,被同行在国际杂志上引用1 300余次。获河南省科学技术进步二等奖2项。

顾玉宗

顾玉宗(1962-),博士,教授,博士生导师。1984年7月,河南大学物理系本科毕业,获学士学位;1990年7月,获吉林大学固体物理硕士学位;2002年7月,中国科学院研究生院博士研究生毕业,获理学博士学位;2003年3月-2004年7月,上海交通大学从事博士后研究工作;2004年7月-2006年7月,日本分子科学研究所JSPS博士后。曾先后担任河南大学微系统物理研究所所长、物理与电子学院副院长、院长。为河南省教育厅学术技术带头人,中国物理学会会员、美国光学学会会员、美国科学促进会特邀会员。

主要研究方向包括超快非线性光学材料及全光器件、激光拉曼光谱及应用、光伏材料及器件等。主要研究成果如下：主持和参与国家及省级科研项目 10 余项，在国际重要学术刊物上发表 SCI 论文 100 余篇。获省优秀学术论文一、二等奖多项，获河南大学优秀科研成果奖 4 项、科研优秀奖 1 项。

郭立俊(1965-)，博士，教授，河南大学特聘教授、博士生导师。2002 年，毕业于复旦大学物理系光学专业并获博士学位；先后在德国、瑞典和美国从事博士后和访问学者研究。主要从事纳米光子学、光控自组装、单分子及超快光物理、生物医学光子学等领域的研究。在 *J. Am. Chem. Soc.*、*J. Mater. Chem. A/C*、*Nanoscale* 等国内外学术期刊上发表 SCI 学术论文 80 余篇，主持和参加多项国家自然科学基金和国际合作研究项目。

郭立俊

主要研究方向：纳米光子学行为与超快过程，设计并获得低维光子学材料，利用单颗粒荧光成像及瞬态光谱技术研究其光子学性质、发光行为、超快动力学过程与机制，为优化材料结构和光子学功能提供支持，并探索其在能源环境及生物医学等领域中的应用；光控与单分子自组装结构及功能，自组装并调控纳米结构及其光子学性质，从体相到单分子/单颗粒水平研究其中的新异光子学现象、自组装行为、动力学过程等，从而揭示纳米结构和功能之间的关系，探索优化和获得功能可控纳米光子学材料和器件的新途径；生物大分子动力学等，利用单分子光子学成像及示踪技术，实时、原位研究生物大分子的运动学及动力学行为和机制，包括蛋白相互作用、蛋白构象动力学、蛋白的运动行为与特性、信号传导及药物递送过程等，从而揭示生物大分子结构与功能之间的关系。

黄明举(1965-)，博士，教授，博士生导师。1987 年，毕业于河南大学物理系，获得理学学士学位；1990 年，获得理学硕士学位；2003 年，毕业于中国科学院上海光学精密机械研究所光学专业，获得理学博士学位；2004-2006 年，在上海光学精密机械研究所从事博士后研究工作。为河南省教育厅学术技术带头人、河南省高校青年骨干教师、中国光学学会光电信息材料专业委员会委员，曾任第九、十届河南省物理学会常务理事，河南省光学学会理事。担任国家自然科学基金委会议评审和通讯评议专家、教育部学位中心通讯评议专家，山东、江苏、河北等 5 省自然科学基金（科技计划）或科学技术奖通讯评审专家，曾任河南大学物理与电子学

黄明举

院副院长、河南大学实验室与设备管理处副处长。

主要研究低维光电信息材料与器件,包括高密度数字全息存储材料的光化动力学研究、纳米复合光电信息材料的光电转换、表面增强拉曼散射衬底材料的研究与应用,以及多层纳米结构光电转换能源材料的优化等。发表论文 130 余篇,其中 SCI 收录论文 80 余篇,EI 收录论文 50 余篇;第一作者和通讯作者 SCI 收录论文 70 余篇。在光致聚合物数字全息存储材料与技术研究方面具有一定的影响。主持国家自然科学基金面上项目、上海市基础研究重点项目、国家博士后科学基金项目等 10 余项。申请获得授权国家发明专利 4 件。

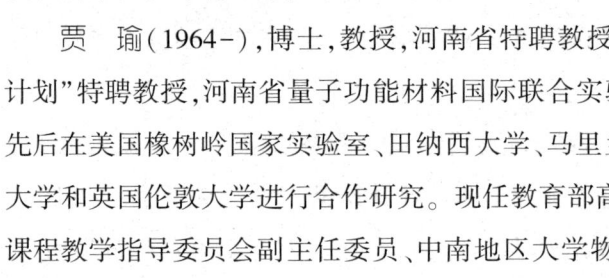
贾 瑜

贾 瑜(1964-),博士,教授,河南省特聘教授,河南大学"攀登计划"特聘教授,河南省量子功能材料国际联合实验室常务副主任。先后在美国橡树岭国家实验室、田纳西大学、马里兰大学、香港城市大学和英国伦敦大学进行合作研究。现任教育部高等学校大学物理课程教学指导委员会副主任委员、中南地区大学物理教学工作委员会主任委员、《物理与工程》杂志副主编、中国材料学会计算材料分会委员、全国计算物理研究会副理事长、河南省物理学会常务理事、河南省物理学会高校教学委员会常务副主任、全国近代物理研究会理事等。河南省优秀专家、河南省教学名师。

作为负责人组建了河南省高校量子功能材料创新型科技团队、河南省多尺度材料计算设计创新型科技团队、河南省大学物理精品资源共享课程、河南省物理学博士后创新型科技团队、河南省大学物理优秀教学团队。承担国家、省部级等各类项目 20 余项,在 Science、Phy. Rev. Lett.、Nano Lett. 等学术期刊上发表论文 240 多篇;出版著作 5 部,其中一部(章节)由德国 Springer 出版社出版;组织学术会议 30 余次,会议口头报告 40 多次。

余保龙

主要研究方向:凝聚态物理理论方面的研究,如表面生长、纳米摩擦、清洁能源、团簇生长、高效催化设计、负膨胀材料机理与设计等;第一性原理、多尺度计算模拟的平台建设、材料基因组工程;基础物理课程和凝聚态物理理论等方面的教学等。

余保龙(1964-),河南潢川人,博士,教授,博士生导师。1986年,河南大学物理系本科毕业;1989年,南开大学物理系硕士毕业;

1995年,南开大学现代光学研究所博士毕业;1997年,在中国科学院上海光机所从事博士后研究;1997年,回河南大学工作。1998年任物理系副主任,2000年赴美国做访问学者。

主要从事半导体纳米材料、有机薄膜材料的三阶非线性光学特性、时间分辨光谱特性研究,在国内外核心刊物上发表学术论文60余篇,出版学术专著1部,参编大学教材1部,主持并完成省级以上科研项目7项。

1993年,获河南大学优秀教学成果二等奖;1998年,获河南省杰出青年科学基金、河南省优秀科技论文二等奖1项,中国光学学会奖1项。

罗有华(1965-),云南省鲁甸县人。1987年7月,毕业于西南大学物理科学与技术学院物理学专业,获理学学士学位;1990年2月,毕业于四川大学物理学院原子与分子物理学专业,获理学硕士学位;1999年6月,毕业于南京大学物理学院凝聚态物理学专业,获理学博士学位。1990年3月-2004年10月,就职于河南大学物理与电子学院。期间,在学校的大力支持下,组建计算原子与分子物理研究室,在蔡凤鑫教授的带领下,研究室承担省部级课题多项,发表学术论文多篇。2000年后,组建了"理论物理研究所",培养硕士研究生多名,曾获河南省杰出青年科学基金资助。曾任物理系(现物理学院)副主任。2004年11月后,就职于华东理工大学物理学院。期间,组建"团簇物理课题组",培养博士生和硕士生多名,其中1名学生获2010年上海市研究生优秀成果(学位论文)奖,2名学生获上海市优秀毕业生称号。

罗有华

王渊旭(1973-2019),博士,教授,博士生导师,河南省特聘教授,教育部新世纪优秀人才、河南省杰出青年基金获得者、河南省学术技术带头人、省青年科技奖获得者、青年五四奖章获得者、河南省文明教师,开封市优秀教师。2018年7月-2019年10月任物理与电子学院党委副书记、院长。

2006年,王渊旭完成日本物质材料研究所博士后研究工作后,来到河南大学工作。他带领团队致力于新型能源材料——热电材料的研究工作,提出了层状热电材料导电的物理机制,发现了热电材料中的能谷简并、纳米热电材料中的量子限域效应以及阴离子基团构型差异与热电特性的关联。得到了

王渊旭

国际热电学会主席华盛顿大学杨继辉教授、北京航空航天大学赵立东教授、日本大阪大学 Ken Kurosaki 教授、美国加州理工学院 G. Jeffrey Snyder 教授、澳大利亚南昆士兰大学陈志刚教授等知名专家学者的肯定和赞许。

先后主持国家自然科学基金项目 3 项,发表第一作者及通讯作者 SCI 收录论文 120 余篇,获评 2016 年度河南省优秀博士学位论文指导教师,连续 7 年获河南省优秀硕士学位论文指导教师。

2019 年 10 月 14 日,王渊旭因病去世。

武四新

武四新(1969-),博士,教授,博士生导师,省特聘教授,教育部新世纪优秀人才。1988 年 9 月-1992 年 6 月,就读于河南大学化学专业,获学士学位;1992 年 8 月-1995 年 6 月,就读于中国科学院长春应用化学研究所无机化学专业,获硕士学位;1996 年 3 月-1999 年 2 月,就读于中国科学院上海光学精密机械研究所材料化学专业,获博士学位,之后在中国科学院上海光学精密机械研究所工作。2000-2006 年,先后在日本东北大学、筑波物质材料研究所、美国德克萨斯大学 Arlington 分校做博士后研究。2006 年,到河南大学特种功能材料实验室工作。

从事纳米功能材料的制备及光电性能研究,先后主持国家自然科学基金 4 项、省部级项目 4 项。目前主要研究方向集中在薄膜太阳能电池材料的合成及电池器件的组装和性能的研究,在国际刊物上发表论文 90 余篇。

李林松

李林松(1972-),博士,教授,博士生导师,教育部新世纪优秀人才,河南省特聘教授,河南大学黄河学者。1989 年 9 月-1993 年 6 月,就读于吉林大学电子工程专业,获学士学位;1993 年 9 月-1997 年 7 月,就读于吉林大学物理化学专业,获博士学位。1998 年-2006 年,先后在美国洛斯阿拉莫斯国家实验室、华盛顿州立大学化学系、阿肯色大学化学系、美国海洋纳米技术公司等国外科研单位从事访问研究。2006 年 6 月到特种功能材料实验室工作。

主要从事纳米结构材料制备及其光电特性等方面的研究。在纳米晶合成、纳米结构材料构筑以及纳米结构材料的光电性能、纳米结构材料在光电器件方面的应用等领域取得了突出成果。在国际学术期刊上发表论文 80 余篇,获美国专利 2 项,所发表的学术论文被引用超过 1 000 次。获国家自然科学基金 3 项,国家高新技术研究开发计划 2 项,省部级项目 3 项。

周少敏(1966-),男,博士,教授,博士生导师,黄河学者(2007-2012),河南省教育厅学术技术带头人。2003-2006 年,先后与香港城市大学物理与材料学系超金刚石及先进薄膜研究中心(COSDAF)和中国科学院理化技术研究所纳米有机光电子实验室合作研究;2007 年,被聘为河南大学黄河学者。

周少敏

主要从事 III-V 和 II-VI 族半导体准一维纳米材料合成及物理性质研究。先后主持并且完成国家自然科学基金 2 项、河南省杰出青年基金 1 项、高校科技创新人才支持计划重点项目 1 项、国家博士后专项基金 1 项、湖南省优秀青年基金及自然科学基金各 1 项。目前在研主持国家自然科学基金面上项目 1 项。发表 SCI 论文 100 余篇,其中 SCI 影响因子 3 以上为 30 余篇。

毛艳丽(1973-),博士,二级教授,博士生导师,河南省高层次人才,河南省学术技术带头人。1991-1995 年,就读于河南大学物理系,获学士学位;1995-1998 年,就读于中国科学院西安光机所光学专业,获硕士学位;1999-2002 年,就读于中国科学院上海光机所光学专业,获博士学位;2006-2008 年,在日本分子科学研究所从事博士后研究。1998 年至今,在河南大学物理与电子学院任教。

毛艳丽

主要从事光学相关领域研究,以及本科生"光学"和研究生"激光原理"课程教学工作。近年来,发表学术论文 70 余篇,大多被 SCI、EI 收录;获发明专利 10 余项。主持完成国家自然科学基金项目 3 项、省院科技合作项目 1 项,河南省国际合作项目 1 项,河南省高校科技创新人才项目 1 项,河南省高校科技创新团队项目 1 项和教育厅自然科学研究项目等多项。

刘 波(1975-),河南洛阳人,教育部新世纪优秀人才、河南省特聘教授。复旦大学物理系毕业,获学士学位;复旦大学现代物理研究所毕业,获硕士学位。2004 年,于丹麦奥尔胡斯大学物理系毕业,获博士学位。之后,继续在奥尔胡斯大学担任助理研究教授。2005-2006 年,在牛津大学物理化学系担任博士后助理研究员。先后在奥尔胡斯大学(2006)、斯德哥尔摩大学(2006)和哈佛大学(2009-2010)担任助理研究员、客座教授和研究员。

刘 波

主要从事分子纳米材料的制备和性质表征等相关研究。共发表 SCI 论文 100 余篇，被引用 1 000 余次。主持及参与教育部新世纪优秀人才项目、河南省特聘教授人才项目、国家自然科学基金等省部级项目 10 余项。

程　纲

程　纲(1978-)，籍贯山东东明，现任物理学教授、博士生导师，为国家基金委优秀青年基金获得者、河南省物理学会常务理事、河南省中原英才计划科技创新领军人才、河南省高校科技创新团队带头人、河南省科技创新杰出青年、河南省学术技术带头人、河南大学师德标兵。1996 年 9 月-2000 年 7 月，就读于河南大学物理系物理教育专业，获得理学学士学位。就读期间勤奋刻苦，品学兼优，多次获得三好学生、文明标兵、学业奖学金等荣誉称号。2000 年 9 月，保送本校特种功能材料重点实验室凝聚态物理学专业攻读硕士学位(导师：杜祖亮)；2003 年 7 月，获得理学硕士学位并留校任教。2008 年 12 月，获得吉林大学和河南大学联合培养的凝聚态物理学专业理学博士学位(导师：邹广田，杜祖亮)。2013-2016 年，赴佐治亚理工学院王中林院士课题组做访问学者。

主要从事自驱动智能光电传感器件与系统的研究。在 *Nano Energy*、*Appl. Phys. Lett.* 等刊发表 SCI 论文 50 余篇，主持国家自然科学基金 4 项，获得河南省科技进步二等奖 2 项，授权国家发明专利 10 余件。

申怀彬

申怀彬(1981-)，博士，教授，博导，国家优秀青年基金获得者，河南省优秀专家，河南省特聘教授，河南省科技创新团队带头人，河南省教育厅学术技术带头人。2001 年 7 月，考入河南大学物理学院，2005 年 6 月毕业、获理学学士学位；2011 年 6 月，于吉林大学获理学博士学位。

从事发光量子点材料和量子点电致发光器件(QLED)方面的研究，创下了三基色 QLED 亮度、效率、寿命多项国际纪录。共发表 SCI 论文 100 余篇，其中以第一和通讯作者在 *Nat. Photon.*、*Nano Lett.*、*Adv. Funct. Mater.* 等刊发表 60 余篇，ESI 高被引 8 篇，H-index 37，他引 3 000 余次。主持国家自然科学基金项目 4 项，主持河南省教育厅项目 2 项。申请量子点合成及发光显示相关国家专利 24 项，获批 12 项，专利技术转化 4 项。获河南省科技进步二等奖 1 项(排名第一)。

陈　珂(1983-)，博士，教授，博士生导师，中组部"万人计划"青年拔尖人才、河南省中原青年拔尖人才入选者，河南大学"杰出人才特区支持计划"第三层次特聘教授。2006、2009年，先后于河南大学获得学士、硕士学位；2012年，于同济大学获得博士学位。曾在英国剑桥大学(2012)、北京大学(2013-2018)和美国麻省理工学院(2020-2021)从事博士后或访问学者研究工作。2012年至今，在河南大学工作，2020年晋升教授。

陈　珂

致力于石墨烯等二维材料的制备及其在纳米光子学、绿色能源催化等方面应用的研究。在 *Nat. Photon.*、*Nat. Commun.*、*Chem. Soc. Rev.* 等刊发表SCI论文50余篇，授权国家发明专利6项，主持国家自然科学基金项目2项。担任河南省侨联青年委员会常务委员、*Exploration* 青年编委，获评河南省高层次人才(B类)、省教育厅学术技术带头人、省青年科技奖(2019)等称号或奖励。

郑海务(1976-)，博士，教授，博士生导师，河南省特聘教授，河南省学位委员会第四届学科评议组(工学1组电子科学与技术)成员、河南省高层次人才，河南省优秀硕士(学士)论文指导教师，国家自然科学基金、中国博士后科学基金通讯评议专家，河南省杰出青年基金获得者，中国物理学会电介质物理学专业委员会地方委员会委员，河南省物理学会理事，河南省教育厅学术技术带头人，河南省高校科技创新团队牵头人，曾获2014年度河南省高校科技创新人才和

郑海务

河南省优秀博士后等荣誉称号。2015年5月-2016年6月，在美国佐治亚理工学院做国家公派访问学者；2017年3月-2017年9月，在美国明尼苏达大学双城校区做短期访问学者。受邀成为 *Adv. Mater.*、*Adv. Energy Mater.*、*Appl. Phys. Rev.* 等学术期刊审稿人。从事电极化材料、器件与应用研究，主要研究方向为基于纳米发电机的环境能捕获器件及应用、新型铁电压电材料的光电性能极化调控、基于纳米发电技术的智能传感系统、储能用介质电容器。主持国家自然科学基金项目4项(其中面上项目3项)，主持完成河南省科技攻关项目3项。近年来发表第一作者或通讯作者SCI论文30余篇，部分论文发表在 *Adv. Funct. Mater.*、*Nano Energy*、*ACS Nano* 等学术期刊。以第一完成人获得省级奖励2项(三等奖)，第一发明人获授权国家发明专利14件。

张锦龙

张锦龙(1977-),博士,教授,硕士生导师,河南省特聘教授。担任国家自然科学基金委通讯评审专家、教育部学位中心通讯评议专家、河南省电子信息类教学指导委员会委员、河南大学物理与电子学院党委委员。

主要研究方向为光学传感领域中的科学问题与工程应用。以第一作者或通讯作者发表SCI、EI收录论文20余篇。主持国家自然科学基金面上项目2项、河南省科技厅科技攻关计划项目1项、河南大学一流学科培育项目1项、横向企业委托开发项目10余项。申请国家发明专利18件,获授权发明专利14件。

白 莹

白 莹(1980-),博士,教授,博士生导师,中原英才计划-中原青年拔尖人才,河南省高层次人才,河南省高校科技创新团队带头人,河南省高校科技创新人才,河南省教育厅学术技术带头人,河南省高校青年骨干教师,河南大学特聘教授。担任国家自然科学基金委通讯评审专家、教育部学位中心通讯评议专家、《稀有金属(中、英文版)》青年编委、浙江省自然科学基金委员会通讯评审专家、山东省科学技术奖通讯评审专家、河北省科技计划项目评审专家、河南省教育厅科技计划评审专家、河南省新能源材料与器件国际联合实验室主任、河南大学学术委员会自然学部秘书长、河南大学物理与电子学院院长、党委副书记。

主要研究方向为能源电化学领域中的基础科学问题。共发表SCI收录学术论文100余篇,其中以第一作者/通讯作者发表SCI一区期刊论文50余篇,高被引论文4篇。总被引2 500余次,H指数31,在高性能二次电池的物理研究领域产生了较大影响。先后主持国家自然科学基金面上项目、科技部"863"项目子课题、国家自然科学基金青年项目、河南省高层次人才特殊支持中原英才计划、河南省高校科技创新团队项目、河南省高校科技创新人才项目等20余项课题。申请国家发明专利38件,获授权发明专利13件,实现发明专利成果转化1项。先后获河南省科学技术进步二等奖、河南省自然科学三等奖各1项,荣获河南省文明教师、河南省高等学校优秀共产党员、开封市青年科技奖、开封市巾帼建功标兵、开封市优秀教师、河南大学文明教师、河南大学五四青年奖等荣誉称号。

李 杰(1988-),博士,教授,河南省高层次人才计划入选者,河南大学"杰出人才特区支持计划"第四层次特聘教授。2016-2020年,先后在加拿大多伦多大学(Edward H. Sargent 院士)、新加坡南洋理工大学(Xiong Wen(David)Lou 教授)、香港中文大学(Jimmy C. Yu 教授)从事博士后研究。担任国家自然科学基金委通讯评审专家、*Exploration* 青年编委、*Adv. Mater.*、*Adv. Funct. Mater.* 审稿人。

李 杰

主要研究方向为碳中和光/电催化。发表 SCI 收录论文 19 篇,他引超 3 100 次,H 指数 17。以第一作者和通讯作者在 *Nat. Commun.*、*Chem.*、*J. Am. Chem. Soc.*、*Adv. Mater.* 等学术期刊发表学术论文,其中 6 篇入选 ESI 高被引论文,在光/电催化的物理研究领域产生了较大影响。先后主持国家自然科学基金青年科学基金项目,以第三完成人身份获得 2019 年湖北省自然科学一等奖。

戴树玺(1976-),博士,教授,硕士生导师,河南省首席科普专家,河南省高校青年骨干教师。2005 年,获中国科学院理学博士学位。2006-2008 年,日本东京理科大学博士后;2011-2012 年,美国马萨诸塞大学阿默斯特分校国家公派学者;2019-2020 年,香港科技大学访问学者;2008-2013 年,河南大学特种功能材料实验室副教授;2014 年至今,物理与电子学院教授。担任国家自然科学基金委通讯评审专家、教育部学位中心通讯评议专家、广东省自然科学基金委员会通讯评审专家、山东省科学技术奖通讯评审专家、河北省科技计划项目评审专家、江西省科技计划项目评审专家、河南省教育厅科技计划评审专家、河南省学位论文评审专家。

戴树玺

主要研究方向为半导体微纳加工、低维材料物理,以及物理学科教育与科学普及等。先后主持国家自然科学基金、教育部留学归国人员启动基金、河南省自然科学基金、河南省高校青年骨干教师项目等科研项目。在 *ACS Appl. Mater. & Interf.* 等期刊上发表 SCI 论文 30 余篇,授权国家发明专利 5 项,获河南省科技进步奖二等奖 1 项。长期开展科学普及活动,科普作品获 2020 年中国科协"全国科普日十大最受欢迎科普视频奖",2021 年度获河南省优秀科普作品微视频类一等奖和"典赞·科普中原"年度(十大)科普作品各 1 项,入围"典赞·科普中原"年度(十大)科普人物。

程 轲(1976-),博士,教授,硕士生导师。河南大学特聘教授,现任材料学院副院

程 轲

长。

主要研究方向为光电功能材料与器件。在 *Nano Energy*、*J. Phys. Chem. B*、*Appl. Phys. Lett.* 等学术期刊上共发表 SCI 论文 50 余篇。主持完成国家自然科学基金面上项目和专项项目 2 项，参加国家重大基础研究"973"前期专项、"973"计划前期研究专项基金、高等学校科技创新工程重大项目培育资金项目等省部级以上科研项目 9 项。获河南省科技进步二等奖 2 项（排名分别为第二和第三）。授权国家发明专利 6 项。

蒋晓红(1977-)，博士，河南大学特聘教授。

蒋晓红

主要研究方向为分子有序组装和纳米结构材料制备、微区性能研究。主持国家自然科学基金 2 项，在 *J. Phys. Chem. C*、*J. Chem. Phy.* 等学术期刊共发表 SCI 论文 40 余篇。以主要参与人获得省科技进步二等奖 2 项，鉴定成果 2 项，获授权国家发明专利 4 项。

张新安(1977-)，博士，教授，博士生导师，河南省杰出青年科学基金获得者，河南省教育厅学术技术带头人，河南省高校青年骨干教师，美国西北大学访问学者，河南大学特聘教授。

张新安

主要研究方向为氧化物半导体薄膜与光电器件。发表第一作者和通讯作者 SCI 收录论文 35 篇，其中包括 *Sci. Adv.*、*J. Am. Chem. Soc.*、*Nano Lett.* 等学术期刊，在高性能场效应薄膜光电子器件研究领域产生了较大的影响。先后主持完成国家自然科学基金 2 项，并主持河南省杰出青年科学基金、河南省高等学校重点科研项目和河南省高校青年骨干教师项目等 10 余项。申请国家发明专利 21 件，获授权发明专利 13 件。

刘仁明(1979-)，河南省唐河县人，博士，教授，硕士生导师，河南大学黄河学者。2000-2004 年，就读于南阳师范学院物理系；2004-2007 年，在郑州大学物理工程学院攻读光学专业硕士研究生，获硕士学位；2007-2013 年，在楚雄师范学院物理与电子系工作，历任助教、讲师、副教授；2013-2016 年，在中山大学物理学院攻读光学专业

刘仁明

博士研究生，获博士学位；2020 年 11 月至今，在河南大学物理与电子学院任教。

主要从事微纳光学及光-物质强耦合作用等相关领域研究,以及本科生"电磁学"课程教学工作。近年来,发表SCI、EI收录学术论文30余篇,论文被引用600余次;获发明专利1项。主持完成国家自然科学基金项目2项、省自然科学金项目2项,作为科研骨干参与国家重点研发计划2项、国家级研究项目4项。

李 航(1983-),博士,教授,硕士生导师,河南大学黄河学者。在沙特阿卜杜拉比国王科技大学获得博士学位后,赴美国新罕什尔大学开展博士后研究工作。2017年9月入职河南大学,担任数学物理方法、数值计算等课程教学工作。美国物理学会会员,《物理评论快报》《物理评论B》《应用物理》等知名杂志审稿人。

李 航

研究方向主要为自旋电子学、自旋泵浦、微磁学与磁化动力学、非平衡热动力学等。主持国家项目1项,发表论文10余篇(其中包括 *Nat. Commun.*、*Phy. Rev. Lett.*、*Appl. Phys. Rev.* 等学术期刊)。发表于 *Nat. Commun.*、*Phy. Rev. Lett.* 等杂志的论文被杂志编辑选为研究亮点推送。

王清高(1984-),博士,河南大学黄河学者。2013年6月,在北京航空航天大学获得博士学位,后赴莫斯科物理技术学院从事博士后研究。2016年8月起受聘河南大学黄河学者,首批入选物理与电子学院"青蓝工程"培养计划。截至2017年3月,以第一作者发表研究论文11篇。其中,以第一作者和通讯作者在 *Phys. Rev. Lett.* 发表论文1篇、在 *Phys. Chem. Chem. Phys.* 发表封面论文1篇,先后被美国《每日科学》《纳米技术和纳米科学》及英国皇家化学学会《化学世界》等国外学术媒体作为亮点新闻进行报道。目前已主持俄罗斯联邦政府"5top100"项目,河南省自然科学基金面上项目和国家自然科学基金青年项目各1项。

王清高

朱经亚(1985-),河南民权人,博士,河南大学黄河学者特聘教授。2014年,毕业于中国科学院理论物理研究所,获博士学位;其后,在美国密歇根州立大学做博士后研究;2015-2021年,在武汉大学物理科学与技术学院任教;2021年2月开始,在河南大学物理与电子学院任教。

主要从事高能物理中超出粒子物理标准模型的新物理唯象学研究,研究对象包括Higgs玻色子、暗物质、超对称粒子、其他新物理粒

朱经亚

子等,涉及模型包括各种超对称、Little Higgs、标准模型简单扩展、其他新物理模型等。先后主持国家自然科学基金理论物理专款、青年科学基金等国家级科研项目。在 *J. High Energy Phys.* 、*Phys. Rev. D* 等刊发表论文10余篇,总引用上千次。在 Higgs 物理和超对称唯象等领域产生了较大影响,多篇论文曾入选 ESI 高被引论文、中国百篇最具影响力国际学术论文、全国博士生学术年会论文等。个人曾获得博士生国家奖学金、中国科学院朱李月华优秀博士生奖等国家和省部级奖项,以及武汉大学优秀教学研究论文奖等。

曾在平

曾在平(1987—),博士,教授。作为骨干参与开发具有完全自主知识产权的计算软件包2套。

主要研究方向为计算物理与器件模拟相关的工作。在 *Nat. Photon.* 、*Phys. Rev. Lett.* 、*Phys. Rev. B* 等刊发表研究论文近50篇,他引近800次。其中,单篇引用次数过百的论文1篇,PRB 编辑推荐亮点文章1篇。参加国际国内会议9次。其中,2次大会邀请报告,5次大会口头报告。主持国家自然科学基金项目1项、河南大学特聘教授启动项目1项。参与欧盟社会基金、法国科研署大型研发项目各1项。

王 凯

王 凯(1987—),男,山西文水人,博士。河南大学"杰出人才特区支持计划"第四层次特聘教授。2011年,于浙江理工大学获得学士学位;2014年,在中国科学院物理所超导国家重点实验室获得硕士学位;2015年7月开始,在瑞士日内瓦大学 Dirk Vander Marel 研究组开展强关联材料体系的红外光谱学研究,于2020年6月获得博士学位。

主要关注强关联和拓扑半金属材料,尤其是近些年引起广泛研究的5d过渡金属氧化物。已在国际学术期刊上发表SCI论文6篇,其中以第一作者和通讯作者在 *Nat. Phys.* 、*Phys. Rev. B* 各发表1篇,在国际上产生了重要影响。

闫 冬(1987—),博士,河南大学黄河学者特聘教授。

主要研究方向为二次电池关键电极材料及界面物理化学。在国内外主流期刊发表论文30余篇,被引用1 800余次。其中,以第一作者身份在 *ACS Energy Lett.* 、*Adv. Energy Mater.* 、*ACS Nano.* 等刊发

闫 冬

表论文 10 篇,包括正封面论文 2 篇和 ESI 高被引论文 1 篇。获授权国内发明专利 4 项,受邀参加国际学术会议 1 次。作为核心人员参与新加坡教育部学术研究基金等项目 3 项(总经费 432.6 万新加坡元);作为主要完成人获 2018 年河南省自然科学优秀学术论文一等奖和 2021 年度河南省自然科学奖三等奖各 1 项。

刘成延(1988-),博士。2020 年 1 月受聘为河南大学黄河学者。

主要研究方向包括多元半导体晶界、位错和缺陷性质的理论研究等。参与国家基础研究特别基金/国家自然科学基金和美国加州"UC Office of the President under the UC Laboratory Fees Research Program Collaborative Research and Training Award LFR-17-477148"计划。目前在研项目有国家自然科学基金青年基金项目和河南省高等学校重点科研项目。在 *Nature*、*Nano Lett.*、*Adv. Energy Mater.*、*Phys. Rev. B* 等刊发表论文 15 篇。

刘成延

闻 波(1989-),博士,硕士生导师,河南大学黄河学者特聘教授。

主要研究方向为过渡族金属氧化物,多功能新型材料表面、界面物理化学性质第一性原理研究。在 *J. Am. Chem. Soc.*、*Nat. Commun.*、*J. Phys. Chem. Lett.* 等刊发表 SCI 收录论文 30 余篇,其中含第一作者和通讯作者 10 余篇。总被引 1 700 余次,H 指数 22,在相关领域内得到了广泛关注和认可。先后主持国家自然科学基金理论物理专项博士后项目 1 项、河南大学黄河学者科研启动项目 1 项。

闻 波

王 博(1993-),博士,硕士生导师,河南大学"杰出人才特区支持计划"第四层次特聘教授。

主要研究方向为光子晶体薄膜连续谱中的束缚态的性质与应用。发表 SCI 收录论文 9 篇。其中,以第一作者身份在 *Nat. Photon.* 发表论文 1 篇,并入选高被引论文,该工作也获得 2020 年中国光学十大进展奖项;以共同一作身份在 *Phys. Rev. Lett.* 发表论文 1 篇。主持国家自然科学基金青年项目。

王 博

胡彬彬

胡彬彬(1980-),博士,教授,硕士生导师,现任河南大学科学与技术研究院院长。2002 年,河南大学物理学教育专业本科毕业,获理学学士学位;2005 年,获得河南大学凝聚态物理学专业硕士学位后留校工作并攻读博士学位;2009 年,获得河南大学凝聚态物理学专业博士学位。博士论文《基于仿生矿化的无机功能材料的制备和表征》获评 2011 年度河南省优秀博士学位论文。

承担研究生材料现代表征基础课程教学工作。

主要研究方向为仿生材料的界面浸润性调控和基于浸润性原理的纳米材料有序组装及其在 QLEDs 中的应用研究。在 *Adv. Funct. Mater.*、*J. Mater. Chem.*、*Chem. Commun.* 等刊发表 SCI 论文 20 余篇,受邀为专著撰写 1 个章节,鉴定成果 1 项,授权发明专利 1 项。获河南省科技进步二等奖 2 项(排名第 5)。完成国家自然科学基金项目 1 项,在研国家自然科学基金面上项目 1 项。

李国强

李国强(1980-),博士,教授,博士生导师,河南省教育厅学术技术带头人,河南省高等学校青年骨干教师,河南省高校科技创新人才,开封市青年科技奖获得者。先后在日本材料物质研究所、美国西北太平洋国家实验室从事科研工作。

主要研究方向为凝聚态光物理与光化学、低维凝聚态物理。主持承担和完成国家自然科学基金面上项目、国家自然科学基金青年项目、河南省科技厅基础与前沿项目、河南省高校创新人才项目、中国博士后科学基金面上项目、河南省高校青年骨干教师项目等 6 项;发表 SCI 论文 92 篇,H 因子 25;出版专著《铌酸钠光物理与光催化性能》1 部;获得授权国家发明专利 6 项。主要研究成果"d^0 和 d^{10} 电子组态光催化材料的无机复合改性和能带结构",于 2016 年获河南省科技进步奖三等奖。

赵高峰

赵高峰(1978-),博士,教授,博士生导师,河南省高校学术技术带头人,河南省高校科技创新人才,河南省高校青年骨干教师。2001 年,毕业于河南师范大学物理学专业,获理学学士学位;2006 年,毕业于中国科学院固体物理研究所,获博士学位;2006 年,到河南大学工作,先后任物理系主任、物理与电子学院副院长、研究生院副院长。2010 年,到意大利国际理论物理中心做短期访问。

研究领域为新型材料第一性原理,主要在热电材料、石墨烯储氢、纳米团簇等方面开展研究工作。主讲本科生的计算物理学和研究生的团簇物理学课程。

李新营(1978-),博士,教授,硕士生导师,河南省高等学校青年骨干教师。担任教育部学位中心通讯评议专家、2018-2022教育部高等学校物理学类专业教学指导委员会中南地区工作委员会委员。

主要从事团簇、大分子中相互作用的理论研究。发表第一作者SCI收录论文38篇,主持完成国家自然科学基金项目2项、河南省高等学校青年骨干教师资助计划项目1项。

李新营

李胜军(1980-),博士,教授,博士生导师,河南省高校青年骨干教师,河南省高校科技创新人才,河南大学光伏材料省重点实验室副主任。担任国家自然科学基金委通讯评审专家、教育部学位中心通讯评议专家,以及 Electrochim. Acta、J. Electrochem. Soc.、《中国科学通报》等刊审稿人。

主要研究方向为太阳能材料设计、制备及器件关键技术和新型化学能源材料与技术。近年来,主持国家自然科学基金项目2项、河南省科技创新人才项目1项、博士后基金项目1项、河南省科学技术厅基础与前沿项目1项、河南省教育厅自然科学项目1项。2015年获批国家留学基金委青年骨干教师出国留学项目,赴美国埃默里大学留学1年。在 Nanoscale、J. Mater. Chem. C、Appl. Phys. Lett. 等刊以第一作者/通讯联系人发表SCI文章40余篇,授权发明专利10余项,参编《染料敏化太阳能电池》《大学物理习题集》等。

李胜军

王书杰(1981-),男,博士,教授,博士生导师。现任材料学院副院长,承担研究生大型仪器表征课程教学工作,担任多种国际一流学术期刊评审人。

主要从事纳米压印技术及量子点发光二极管器件(QLED)研究,近年来集中在量子点发光与显示器件材料的制备、结构调控和器件组装的研究。目前研究方向侧重于利用纳米压印技术构筑多层次有序纳米结构及其在量子点发光二极管器件(QLED)中的应用。在 Nano Energy、Nanoscale、J. Mater. Chem. C 等刊发表SCI论文30余篇。先后主持4项科研项目(其中包括国家自然科学基金青年项目、国家自然科学基金联合基金项目、中

王书杰

国博士后二等基金项目、河南大学优青青年科研人才培育基金)。获授权河南省科技进步二等奖1项、河南省自然科学二等奖1项、中国发明专利2项。

贾彩虹

贾彩虹(1981-)博士,教授,硕士生导师。

主要研究方向为铁电和半导体异质结忆阻效应及神经形态计算。在 Appl. Phys. Lett.、J. phys. D：Appl. Phys.、J. Appl. Phys. 等刊以第一作者或第一通讯作者发表论文30余篇,h因子17。先后主持国家自然科学基金青年项目、河南省自然科学基金面上项目、中国博士后基金第49批二等资助项目、河南省高等学校重点科研项目、河南省教育厅项目等。获授权发明专利1件。

陈 增

陈 增(1980-),博士,教授,硕士生导师。担任教育部学位中心通讯评议专家,Electrochim. Acta、J. Electrochem. Soc.、J. Power Source 等刊审稿人。承担大学物理、电极过程动力学、电工实验等课程教学任务。

主要研究方向为功能合金材料的电化学制备工艺与机理。主持国家自然科学基金项目1项、中国博士后基金面上项目1项、河南省科学技术厅基础与前沿项目1项、河南省科学技术厅科技攻关项目1项、河南省高等学校重点科研项目(A类)1项。近年来,在 Electrochim. Acta、J. Electrochem. Soc.、Chem. Electro. Chem. 等刊以第一作者或通讯联系人发表SCI文章30余篇,申请发明专利10项,授权发明专利6项,参编《大学物理习题集》。

杜明荣

杜明荣(1969-),博士,教授,硕士生导师,河南省教师教育专家,河南省青少年科技教育精准服务试点工作指导专家,全国第四届教育硕士优秀教师,国家教学成果奖获得者。担任河南大学物理与电子学院大学物理教研室主任、课程与教学论(物理)及学科教学(物理)硕士点牵头导师、河南省教育学会中学物理教学专业委员会常务理事、教育部高校大学物理教指委大中物理教育衔接委员会常务委员、教育部高校大学物理教指委中南地区工作委员会副秘书长、中小学教师资格考试国家标准研制组核心成员、国家义务教育物理课程标准研制组核心成员。

主讲课程有物理课程与教学论、物理教育研究方法、物理教育统计与测评。其中,物理课程与教学论被认定为河南省一流本科课程。

主要研究方向为物理课程教学与评价。发表独立作者和第一作者论文32篇,其中核心期刊论文21篇,河南省教育科学优秀成果一等奖论文2篇,被人大复印资料全文转载论文6篇。先后参编教材6部,主持和参与国家教育科学规划项目、国家社会科学基金规划项目、教育部高校大学物理教指委项目、河南省教育科学规划项目、河南省教师教育课程改革研究项目、河南省高等教育教学改革研究与实践项目、河南省专业学位研究生精品教学案例项目等16项。

王　超(1980-),博士,教授,硕士生导师。

主要研究方向为热电能源转换材料中相关物理机制的分析。以第一作者和通讯作者在 J. Mater. Chem. A、ACS Appl. Mater. Inter.、Nanoscale、Appl. Phys. Lett. 等刊发表论文25篇,其中中国科学院一区论文及二区 TOP 论文11篇。2017年至今,论文引用超过500余次,H 指数16。特别是,2020年在 Nanoscale 上发表的关于核壳结构增强热电性能的论文产生了较大影响,被编辑选中收录入热电纳米材料专刊中。主持国家自然科学基金项目"ZnO/ZnS 超晶格纳米线电热输运性能的协同调制研究",顺利结题。此外,主持省部级科研项目2项。以第三参与人获评2019年度河南省自然科学奖二等奖。

王　超

闫玉丽(1975-),博士,教授,硕士生导师,河南省高校青年骨干教师。

闫玉丽

主要研究方向为热电领域中的基础科学问题。出版学术专著1部;发表第一作者或第一通讯作者 SCI 收录论文18篇,其中含 SCI 二区论文11篇,分别发表在 Phys. Rev. B、Appl. Phys. Lett.、J. Mater. Chem. 等刊上。主持国家自然科学基金面上项目、国家自然科学基金委河南省联合基金项目和河南省重点研发与推广专项(开放合作)等5项。获河南省自然科学二等奖(第2参与人)、河南省科学技术进步三等奖(第5参与人)、河南省教育系统教学技能竞赛二等奖。

阴化冰(1987-),博士,副教授,硕士生导师,香江学者,河南大学青年英才。

阴化冰

主要从事低维材料电子结构及新奇物性的理论研究。发表第一作者和通讯作者 SCI 收录论文 23 篇，高被引论文 1 篇。有 10 余篇论文发表在 *Phys. Rev. Lett.*、*J. Mater. Chem. A*、*Appl. Phys. Lett.* 等刊，总被引 400 余次，H 指数 11，在低维材料电子结构及新奇物性领域产生了较大影响。先后主持国家自然科学基金青年项目、中国博士后基金特别资助"香江学者"计划项目、河南省科技厅基础与前沿计划项目、河南大学"优青培育"项目、河南大学科学研究基金项目等。

冯真真（1990-），博士，讲师，研究生导师，中原英才计划（育才系列）——中原青年博士后创新人才。

主要从事热电领域的理论研究。在 *Nat. Commun.*、*Phys. Rev. B* 等刊发表第一作者和通讯作者 SCI 收录论文 11 篇，其中 6 篇论文发表于 *Phys. Rev. B*，总被引用 500 余次，H 指数 15。主持国家自然科学基金理论物理专项、中国博士后科学基金特别资助项目、中国博士后科学基金面上项目。

冯真真

顾广钦（1992-），博士。入选河南大学"青年英才计划"。

主要研究方向包括摩擦纳米发电机驱动的气体放电、摩擦纳米发电机的电源管理和基于摩擦纳米发电机的自驱动传感器等。在 *ACS Nano*、*Nano Energy*、*Adv. Funct. Mater.* 等刊发表 SCI 论文 20 余篇。

顾广钦

二、高层次人才入选者名录（入选时间）

● 享受政府特殊津贴专家

朱自强（1994）　莫育俊（1999）　杜祖亮（2002）

● 全国优秀教师

李蕴才（2001）

● 国家优秀青年科学基金

程　纲（2015）　申怀彬（2019）

● "万人计划"青年拔尖人才

陈　珂（2020）

● 教育部新世纪优秀人才

杜祖亮（2004）　刘　波（2008）　武四新（2008）　李林松（2009）
王渊旭（2010）

● 河南省特聘教授

杜祖亮（2004）　贾　瑜（2009）　刘　波（2010）　张伟风（2012）
王渊旭（2012）　武四新（2014）　李林松（2019）　郑海务（2020）
申怀彬（2020）　张锦龙（2021）

● 中原学者

杜祖亮（2014）

● 河南省跨世纪学术技术带头人

杜祖亮（1997）

● 河南省学术技术带头人

张伟风（2000）　王渊旭（2010）　毛艳丽（2010）

● "中原英才计划"

陈　珂（2018）　白　莹（2019）　张伟风（2019）　冯真真（2020）
李　杰（2021）

● 河南省教育厅学术技术带头人

顾玉宗（2003）　黄明举（2004）　毛艳丽（2005）　郑海务（2010）
赵高峰（2010）　白　莹（2013）　李国强（2016）　陈　珂（2019）
张新安（2020）

● 河南省高校科技创新人才

郑海务（2014）　赵高峰（2015）　白　莹（2016）　毛艳丽（2016）
李国强（2017）

● 河南省高等学校青年骨干教师

顾玉宗（2003）　黄明举（2004）　毛艳丽（2004）　郑海务（2009）
赵高峰（2010）　李新营（2011）　任喜军（2011）　白　莹（2012）

向　阳(2012)　闫玉丽(2015)　李国强(2016)　戴树玺(2016)
张新安(2017)　张　镭(2019)　陈　珂(2019)　冉　霞(2021)

● 河南大学"杰出人才特区支持计划"第四层次特聘教授

李　杰(2020)　王　博(2020)　王　凯(2021)

● 河南大学黄河学者

王清高(2015)　李　航(2017)　闻　波(2020)　刘仁明(2020)
刘成延(2020)　朱经亚(2021)　闫　冬(2022)

● 河南大学特聘教授

郭立俊(2016)　张培玉(2016)　白　莹(2017)　毛艳丽(2018)
曾在平(2018)　张新安(2019)　程　轲(2021)

● 河南大学"青年英才"

陈　珂(2019)　阴化冰(2019)　顾广钦(2019)

三、曾任高级职称人员名录(按姓氏笔画排序)

● 教授

马灵先	马建华	马辅臣	王长顺	王灿勋	王冠英	王渊旭	王蕴山	王德建
毛海涛	尹国盛	朱自强	刘　波	刘一山	米新宾	孙润晨	李方正	李蕴才
余保龙	沈寿梁	张　立	张兴堂	张忠锁	张新安	陈祖炳	罗有华	孟进芳
赵松鹤	赵新吾	胡南琦	胡振亚	莫育俊	黄亚彬	符瑞生	程锡年	程锡金
蔡凤鑫	翟文琳	霍树楷						

● 副教授

卜宏建	马孝贤	马襄文	王月花	王正秋	王顺才	王留义	白丽妍	包耀三
朱良逊	刘长春	刘凤臣	刘志强	刘国章	闫育华	羊文贞	苏海涛	李文春
李学顺	李宪武	李继恺	李鸿寅	吴寿煜	邹义夫	张　侃	张　珉	张　戡
张民宽	张弘甫	张果义	张性廉	张恒华	陈天志	陈长文	陈书勤	陈世民
陈志荣	陈勉之	周成铭	孟　杰	孟繁章	赵　信	段清洁	洪佩瑛	贺　明

袁剑平　栗　增　贾予东　夏晓智　原　璜　党玉敬　徐国定　郭加平　黄昌民
谢　汴　谢持中　窦义军

● 高级实验师

王庆国　牛清海　邢　前　李平生　徐小波　郭彦杰　程秀英

四、现任高级职称人员名录(按姓氏笔画排序)

● 教授

王　超　王书杰　王科范　毛艳丽　白　莹　刘仁明　闫玉丽　杜明荣　杜祖亮
李　杰　李　航　李国强　李胜军　李新营　张　杨　张伟凤　张振龙　张锦龙
陈　珂　陈　增　武四新　周少敏　郑海务　赵高峰　胡彬彬　贾　瑜　顾玉宗
郭立俊　黄明举　蒋晓红　程　纲　程　轲　谭付瑞　戴树玺

● 副教授

刁春丽　王洪哲　王素莲　王晓娟　王清高　田宝丽　冉　霞　邝艳敏　朱宝华
任凤竹　任喜军　向　阳　刘　畅　刘广生　刘平安　刘向阳　刘军辉　刘亮亮
刘越峰　刘献省　孙献文　朱经亚　阴化冰　李　卓　李夕金　李天锋　李若平
李春丽　李银丽　李福民　吴天利　张　凤　张　婷　张光彪　张华芳　张华荣
陈　冬　陈　增　郁彩艳　岳根田　周正基　庞　山　赵慧玲　赵遵成　姜奇伟
娄世云　顾广钦　高惠平　曹富涵　曹瑞瑞　康　缈　彭成晓　韩俊鹤　翟俊梅
潘根才　魏　凌

● 高级实验师

马兴平　付春玲　刘　红　孙嘉杰　杨　锋　杨光红

● 高级工程师

李　妍

第三章 学科平台

一、物理与电子国家级实验教学示范中心

河南大学物理与电子实验教学中心的前身——物理实验室,诞生于1924年,经历了艰难的起步阶段(1924-1984)、稳步提高阶段(1985-2001)、快速发展阶段(2002-2015),于2015年获批建设物理与电子国家级实验教学示范中心。示范中心有物理实验教学中心、电工电子实验教学中心和电子与通信工程实验教学中心3个河南省实验教学示范中心和大学生创新开放实验室及其他相关专业基础实验室。

中心位于河南大学金明校区琴键湖畔,东邻牛顿广场。截至2021年底,用房面积达6 905 m^2,仪器设备7 204台(套),总值5 460万元,仪器设备的完好率达98%以上,开设实验项目338个(其中综合设计性、研究创新性实验项目占76.6%)。

中心具有先进的实验教学体系,其实验教学授课范围覆盖全校的理、工、医等11个学院42个专业的学生,每年受教学生6 000余人,生时数50余万。中心依托高学历教师团队和高新技术实验仪器,建构以创新教育为主导的实验教学模式。在保证基础物理和电工电子实验教学质量的基础上,增加反映物理学和电子信息领域发展前沿的设计性、综合性和创新性的实验项目;加强学生课外实践创新平台建设,以创新项目和各类竞赛为依托,重视学生创新、实践能力培养;保持理工交叉融合的特点,以培养具有较强物理和电子类相关科学研究技能和技术创新的高端人才为目标,培养具有创新精神与实践能力的专门人才。近几年来,中心在各级各类科技技能、创新竞赛中取得了很好的成绩。截至2021年底,学生共获国际奖励8项、国家级奖励58项、省部级奖励206项、申请国家发明专利5项,获奖的大学生达300余人次。

中心骨干实验教师相对稳定,实验教师队伍专兼职结合。为加快青年教师的成长,中心实施了青年教师专业培训和学历提升计划等措施。中心现有专兼职实验教师85人,其中一半以上具有博士学位,正高和副高职称人员占80%以上,年龄、学历、职称结构比较合理。中心教师坚持"敬业、严谨、博学、善导"的优良教风,教学效果受到良好赞誉,在教学质量工程建设和科学研究方面取得了较大成绩,如"大学物理实验"和"近代物理实验"分别被评为校级精品课程和省级精品资源共享课程,"光学与近代物理"教学团队被评为省级教学团队,主持国家及省部级科研项目多项。

中心建立了开放、高效的运行机制,实行校院两级管理和中心主任负责制,统筹调

配教育教学资源,建立了实验室网络化管理信息平台和中心网站。中心管理制度健全,保障措施得力,保证了实验教学工作规范、有序进行,正在省内外发挥着良好的辐射示范作用。努力建设成为的国内一流、具有理工融合特色的创新型高校实验教学平台,优化实验教师队伍,进一步完善物理与电子实验教学课程体系,优化多层次、递进式的实验教学模式,实现资源共享和设备的高效利用,立足全省,辐射中西部地区及至全国。

二、特种功能材料教育部重点实验室

1984年,恢复"河南大学"校名后,学校急需调整学科、快速发展,遂将理科的复兴列入学校的建设日程。当时的河南大学物理系是经历1952年全国院系调整后,在原开封师专物理科的基础上重建的单纯教学单位,底子较为薄弱,科研几近于零。

1985年底,朱自强来到河南大学工作,开启了河南大学理科的复兴之路。

朱自强原在吉林大学工作,从1950年代中期就致力于科学研究。在党的教育政策落实后的短短几年内,他以惊人的毅力和精力在理论原子核、电法测井、光化学和有序分子膜、计算数学等科研领域都取得创造性成果,是国内最早的纳米材料研究者之一。1985年,他为了寻找能实现自己学术抱负的实验条件,来到了河南大学物理系。

1986年4月,朱自强被任命为物理系主任。他以时不我待的使命感、急迫感立即着手筹建科研实验室。固体物理课题组被明确列入了学校当年的工作计划,作为学校重点扶植的研究机构,为其配备专职研究人员,充实科研力量。1987年6月13日,校长会议研究决定正式建立物理系固体物理研究室,投入近200万元购置设备,建设固体物理实验室。这是自院系调整后河南大学第一个真正意义上的科研实验室,涉及物理、化学、材料、生物等多个学科,成为河南大学相关学科青年教师科研工作启动的基地,为河南大学培养了一批科研骨干力量。

固体物理实验室建立后,大力加强设备建设,引进国外先进设备,组织实验室力量自制了光电压谱仪,为开展科学研究工作奠定了基础。实验室积极开展人才培养工作,发掘开设研究生课程,邀请校外专家到校讲学,请科研实力雄厚的科研院所和高等学校代培研究生,选派人员出国进修,同时吸收校外博士、硕士研究生来实验室工作,拓展国内科研协作渠道,扩大与国外的联系合作。

朱自强是国内最早从事LB膜(即有序分子膜,也就是后来的纳米材料)研究的专家之一,是国际分子膜研究领域的知名学者。在他的带领下,固体物理实验室开展LB膜研究。朱自强以忘我的精神投入到科研工作中,从来不分8小时内外,经常在实验室干到凌晨两三点。在他的努力下,固体物理实验室成为了国内最早从事纳米材料研究的集体之一,很快取得了国内学界的认可,建立了河南大学第一个物理学硕士点——凝聚态物理硕士点,确立了学校物理学科的发展方向,为河南大学物理学科及实验室建设与发展奠定了基础。朱自强主持申报并于当年获批国家自然科学基金项目"LB膜的光电性能研究",实现了河南大学国家自然科学基金项目历史上零的突破,也是河南省破天荒的第一个。

1988年9月20-26日,固体物理实验室组织召开了中国化学学会LB膜(即有序分子膜)专业组成立大会暨全国第一届LB膜学术研讨会,奠定了中国该领域研究的基础。

固体物理实验室发展至1993年,建成了6个先进的实验室,在样品合成、LB膜制备、结构性能测试以及应用基础研究方面具备了独立开展研究的能力,LB膜制备技术在国内处于领先地位;培养了20名研究生,其中4名赴国外攻读博士学位;先后承担国家自然科学基金项目2项、中国科学院开放实验项目和一批省部级研究课题4项;在国际、国内学术会议和国内外核心期刊发表学术论文百余篇,有力地促进了河南大学科研水平的提升。

1993年,实验室负责人朱自强被国务院确定为国家有突出贡献专家,享受政府特殊津贴。1994年6月25日,固体表面实验室被学校确定为1994-1996年度校级重点实验室,依托实验室建设的凝聚态物理被确定为第二批校级重点学科。1995年10月29日,朱自强因病不幸去世,实验室失去了强有力的领军人物,一度严重影响到实验室的发展。

1998年5月,党鸿辛正式调入,成为第一位到河南大学工作的中国科学院院士,实验室再次步入快速发展的轨道。依托于凝聚态物理和高分子化学与物理重点学科,在固体表面实验室和化学化工学院高分子化学研究室的基础上,集中物理学院与化学化工学院部分科研人员,建立了河南大学润滑与功能材料实验室。

1998年10月26-27日,河南大学润滑与功能材料实验室接受了由河南省教委组织的专家论证,顺利通过鉴定,被确定为河南省重点学科开放实验室。实验室在国内材料科学领域已形成了自己的特色,其中纳米润滑、皮革化工、光电材料等研究方向已达到国际先进水平。1999年12月,经河南省教育委员会批准,河南大学聘党鸿辛为润滑与功能材料重点学科开放实验室主任。2002年3月4日,经校党委党委会研究,决定成立润滑与功能材料实验室(正处级)。2002年3月13日,润滑与功能材料实验室更名为特种功能材料实验室。2003年,由教育部批准组建特种功能材料教育部重点实验室。2007年通过验收,正式开放运行。

三、河南大学光伏材料省重点实验室

河南省光伏材料重点实验室(河南大学实验区,以下简称为河南大学光伏材料省重点实验室)是在河南大学光电材料与器件物理校级重点实验室(2003-2008)的基础上建立起来的。2008年11月,河南省科技厅批准河南师范大学、河南大学联合组建河南省光伏材料重点实验室,由河南大学王占国(双聘)担任学术委员会主任。

河南大学物理与电子学院积极支持光伏材料省重点实验室的发展,先后投入3 400余万元建设经费,并在机构设置、实验用房、人才招聘、项目申报等诸方面对实验室进行了重点倾斜支持和建设。

河南大学光伏材料省重点实验室在建设期内,累计获得建设经费4 030多万元,采购新增超高真空分子束外延-低温扫描隧道显微镜联合系统、超高真空超低温强磁场扫描隧道显微镜、超高真空变温扫描探针显微镜、压电导电力显微镜、太阳能电池测试系统、脉冲激光沉积镀膜设备、扫描探针显微镜、综合物性测量系统、X射线光电子能谱仪、低温磁光测试平台、X射线衍射仪、X-荧光光谱仪、激光切割机、PECVD气相薄膜沉积设备、德国真空手套箱、双室热蒸发系统、场发射扫描电子显微镜、深能级瞬态谱仪、非自耗真空电弧炉、原子层薄膜沉积仪、功能纳米材料沉积系统、纳秒激光器、时间分辨变温荧光光谱仪等50余件大型科研仪器以及与之配套的小型实验仪器设备,建立了280 m^{2}的千级超净间和240 m^{2}的化学间。经过建设,实验室拥有价值5 000多万元的仪器设备和2 503 m^{2}的科研实验用房,使实验室科研基础设施和平台条件得到大力改善,有力地促进了实验室的发展,超额完成了建设期间仪器设备购置计划和实验基地改造任务,有多项指标达到并超过原来的要求,并于2015年3月26日顺利通过省科技厅验收。实验室于2015年9月25日第一次和2017年9月26日第二次顺利通过科技厅评估。

实验室积极加强人才队伍建设,形成了一支实力雄厚的专兼职科研队伍。拥有中国科学院院士2人(兼职)、省特聘教授1人、中原领军人才1人、河南大学特区人才计划第四层次人才3人、黄河学者6人、校特聘教授2人、省科技创新杰出人才1人、省高校科技创新人才5人,形成了"功能氧化物材料物理"省高校科技创新团队和"功能氧化物材料界面控制及应用"河南省创新型科技团队。

实验室建立以来,积极开展科学技术研究,在氧化物薄膜物理与器件研究,拓扑功能材料的设计、量子特性及器件研究,纳米能源与柔性物理器件,新型二次电池材料,光电能源转换与电化学技术,新型太阳能电池及探测器,钙钛矿光电材料与器件,二维材料光学及光电特性等研究领域进行了富有成效的工作,承担国家自然科学基金和省部级研究项目80余项,荣获河南省科技进步奖4项,授权国家发明专利55件。

为支持实验室的进一步发展,增强获取资源能力和引进人才竞争力,形成特色和优势,2018年10月23日第十四次校长办公会议研究决定,河南大学光伏材料省重点实验室实行人事、财务独立管理,2018年12月正式独立运行,张伟风任主任。

四、河南省铝镁铜基原位复合金属材料工程实验室

河南省铝镁铜基原位复合金属材料工程实验室于2016年4月26日由河南省发展和改革委员会批准,由河南大学、中国铝业郑州研究院轻金属材料研究所、河南省中原活塞股份有限公司、河南九发高导铜材股份有限公司等联合共建。

该实验室面向国民经济主战场和国家重大战略需求,通过产、学、研、用的深度有机结合,研发不同应用要求的高性能铝镁铜基复合材料,提高河南省复合材料研发及应用水平。中国铝业郑州研究院轻金属材料研究所研发的镁基复合材料已经用于航天工程。同时,实验室不断开拓新的研究应用领域,开展了超短超强激光技术的研究。超快超强激光器零部件材料要求具有高刚度、高强度、抗振性,同时要求材料具有易加工的特点。超强超短激光在科研、工业、微加工、医疗、军工方面具有广泛重要应用,有望发展成一个新兴产业。实验室联合河南省启封新源光电科技有限公司,承担河南省重大科技专项项目"基于超紧凑再生放大技术的超强激光系统研究及产业化",开发出了面向产业应用的太瓦级超紧凑工业级超短超强激光器,其体积仅为同期国际竞争对

手产品的五分之一,产品目前已初步实现销售。

实验室在 2017、2019 年的河南省省级工程研究中心、工程实验室年度评价中,连续两次被评为优秀。

五、河南省新能源材料与器件国际联合实验室

河南省新能源材料与器件国际联合实验室依托于河南大学物理与电子学院物理学科。2018 年 11 月,河南大学物理与电子学院召开了河南省新能源材料与器件国际联合实验室申请筹备会,邀请国内外相关领域知名专家前来研讨交流。并加强了与澳大利亚卧龙岗大学、中部瑞典大学、美国橡树岭国家实验室、美国佐治亚理工学院的交流合作,目前已与前两家国外机构签署了中长期国际合作协议。2019 年 9 月 26 日,通过河南省国际联合实验室答辩评审;2019 年 10 月,实验室运行方案一致通过专家现场考察论证;2020 年 2 月 19 日,河南省科技厅下发了《关于同意培育 2019 年度河南省国际联合实验室的通知(豫科〔2020〕23 号)》,河南省新能源材料与器件国际联合实验室正式获批建设。"中原英才计划"获得者、博士生导师白莹为实验室主任。

实验室围绕国家新能源材料产业发展规划和河南省"十四五"能源发展规划确定了四个研究方向:高效能源存储与转换,新型纳米发电器件,能源材料理论计算,新型光电材料与器件。

实验室总面积 1 600 m^2,现有固定人员 56 人,其中国家级人才 1 人、省级人才 3 人、博士学位 56 人、海外经历 23 人。近 5 年(2017-2021)获批国家自然科学基金项目 35 项,发表高水平论文 400 余篇(其中在 *Nat. Photon.* 等刊发表高显示度研究论文近 20 篇),获得省部级以上科研奖励 4 项,获授权国家发明专利 120 件。

六、河南大学理论物理基础研究联合中心

为加强物理学基础科学研究和人才团队建设,提升物理对其他学科的重要支撑能力,物理与电子学院通过梳理国内外物理学科发展情况,结合河南省人民政府办公厅关于提升高校科技创新能力的实施意见、学校双一流建设方案等文件精神,对标国家自然科学基金委理论物理专款资助"研究中心"项目和河南省基础研究中心项目,围绕

粒子物理、量子信息与量子计算、原子分子物理、凝聚态物理理论等研究方向，于 2021 年 12 月成立了理论物理基础研究联合中心。理论物理基础研究联合中心涵盖理论物理、凝聚态物理、粒子物理与原子核物理、原子与分子物理 4 个二级学科，旨在建立一个具有中原特色和国家影响力的新型理论物理研究基地。在科学研究方面，从事理论物理前沿研究，取得有重要影响力的原始创新成果；在人才培养方面，贯穿科学研究和教学工作，培养拔尖创新人才。凝练研究方向，汇聚高层次人才，培养优秀青年理论物理研究人员。中心聘任中国科学院院士龚新高为名誉主任、河南省特聘教授贾瑜为主任，现有高水平研究人员 20 余位。

七、河南现代物理教育研究中心

我国教育正处于内涵发展、质量提升的关键时期和全面注重人才能力培养、突出英才培养和拔尖人才培养、建设教育强国的关键阶段。随着高考综合改革的在我省的全面推进，为振兴河南物理学科高等教育和助力中等教育的高考综合改革，河南大学牵头，联合郑州大学、河南师范大学、郑州轻工业大学、洛阳师院和信阳师院等省内高校，拟成立河南现代物理教育研究中心（以下简称中心）。在河南省教育考试院的领导下，将协同河南省从事中学物理教育和高等物理教育的专家，围绕中学新课程标准实施、拔尖人才培养和高校一流课程建设等关键课题开展研究；采用先行先试的方式，探索特色的专门学科课程教育，致力于构建中原基础物理教育和高等物理教育研究交流平台，为提升河南省、中原经济区物理教育的整体水平、提高人才培养质量提供支撑。

中心立足河南面向全国，解决物理教育中的关键科学问题，提升基础学科物理学的教学质量，服务"加强基础科学研究"的国家战略。中心以物理与电子学院的物理学科在师范教育方面优势为支撑。物理学有近百年的师范专业教育经验，物理学本科专业入选首批国家一流专业建设点。课程与教学论（物理）和学科教学（物理）等二级学科硕士点培养了大批物理教育相关的硕士研究生。

中心现有专兼职研究人员 20 人，主要研究方向为中学物理教育理论和英才教育模式研究、高等物理教育理论。中心建立了开放、高效的运行机制，实行中心主任负责制，统筹调配教育教学资源。管理制度健全，保障措施得力，保证了教育研究工作规范、有序进行，正在省内外发挥着良好的辐射示范作用。

第四章 人才培养

一、博士后名录

◉ 2011 年出站

蒋晓红

◉ 2013 年出站

张新安

◉ 2014 出站

贾彩虹　田宝丽　张振龙　陈　增　庞　山　李胜军　白　莹

◉ 2015 年出站

郑海务　杨　癸　李国强　张光彪　吴旌贺　李天锋　徐　斌

◉ 2016 年出站

张东娣　田建军　李素芝　张　凤　谭付瑞　王治华　张计划

◉ 2017 年出站

李福民

◉ 2018 年出站

张　静　朱宝华　高惠平　岳根田　蒲晓辉

◉ 2019 年出站

张春丽

◉ 2020 年出站

姚文志　张华芳　陈　冬　邝艳敏

◉ 2021 年出站

张亚菊　高跃岳　赵慧玲

二、博士研究生名录

◉ 2009 届

王书杰　胡彬彬

◉ 2010 届

王理想　王　梅　牛金钟　张　婷　赵文杰　王广君

◉ 2011 届

赵冬秋　刘　兵　孙献文　闫玉丽

◉ 2012 届

郭建辉

◉ 2013 届

姜世云　徐巍巍　周正基　赵　森　刘　丹　牛丽红

◉ 2014 届

王　霞

◉ 2015 届

杨光红　杨觉明　杨同辉　陶小军

◉ 2016 届

任凤竹　常志显　贾献彬　苗长庆　黄　帅　魏　凌

◉ 2017 届

李若平　齐亚芳

◉ 2018 届

李昭涵　张翼东　陈　铃

◉ 2019 届

高丽珍　王　攀　黄丽娜　杨　锋　王伟超

● 2020 届

王立卫　李静玉　陈　东　李骁迅　赵　磊　刘小兰　尉乔南

● 2021 届

尚婉玉　张　晗　郝　宇　刘越峰

三、硕士研究生名录

● 1989 届

陈风启　刘民谦　卢开德　汤　鸿　王玉国　肖业军　许建锋　余保龙

● 1990 届

顾玉宗　黄明举　李　卓　王长顺　张伟风

● 1991 届

杜祖亮　刘彦才　苏玉玲　王广君

● 1996 届

樊志琴　马国宏

● 1998 届

周静芳

● 1999 届

郭立俊　裴　宁　赵彦保

● 2000 届

刘　涛　王连英　于娟娟　张丽娟

● 2001 届

戴树玺　李桂峰　钱　磊

● 2002 届

刘照军　高卫东　欧慧灵　廖　鹏　韩俊鹤　蒋晓红　尹小刚　彭淑鸽

● 2003 届

董 华　杜银霄　高 影　兰艳娜　王秀茹　孙献文　尹延锋

● 2004 届

张振龙　陈林涛　王玉华　程培红　李 霞　朱会丽　张东玲

● 2005 届

胡彬彬　刘 兵　蔡洪涛　张新安　王书杰　王晓娟　王洪哲　王宝基　程利芳
庞 山　袁 婕　王爱荣　朱纪春　徐淑丽　杨志强　娄世云　董喜燕　胡界博
赵慧玲

● 2006 届

齐慧杰　邵桂妮　王玉梅　娄 辉　陈海涛　李宗惠　唐 永　李建军　杨 锋
靳锡联　徐 星　杨光红　王 波　潘新华　刘军辉　李现常　师凌枫　翟风潇
殷 琼

● 2007 届

林丙臣　杨 毅　孔德国　周正基　唐召军　王理想　牛金钟　张红美　张晓峰
牛 坚　闫红霞　楚合营　朱晓阳　姬彦玲　程书洁　谢绍娟　叶 滨　刘朝霞
冯亚景　刘小兰　杨 涛　王芳芳　田 凯　张丽亭　余 雪　徐海刚　曹 彬
徐金威　张 琨　张 婷　雷雪玲　魏 凌　葛桂贤　赵文杰　张深义　路 海
张 玲　蔡志鹏　冯素雅　李朋伟　程永光　丁 丽　尚治国　贾廷见　孙彩霞
杜亚冰　李若平　朱宝华

● 2008 届

徐翔民　郭书霞　刘 霞　王桂丽　刁先锋　井 群　赵冬秋　邱国莉　郭令举
姚霆刚　杨同辉　任凤竹　刘小雨　王志强　蔡 柯　王献伟　孙宝亮　余腊锋
卢卫军　申怀彬　宋 冰　李昭涵　刘宏增　钟家富　李春阳　王元飞　张 俊
田付阳　巩合春　刘彩云　肖 勇

● 2009 届

刘广生　薛中会　胡彬彬　文书杰　张 盈　刘越峰　苏朝辉　谢起飞　王继鹏
王晓坡　赵文超　熊浩洋　李 森　徐巍巍　蔡 莉　陶磊明　王晓丽　李凤丽

王　鹏　　吴新志　　伍良福　　司红磊　　符　娟　　陈　珂　　成建群

● 2010 届

付世书　王　艳　　付东伟　　武艳强　　丁万勇　　郭福安　　庞新玲　　赵　森　　侯向辉
谭克奇　王伟超　　陈红举　　李学红　　刘献省　　杜香坡

● 2011 届

郭惠芳　任　魏　　和二斌　　白燕枝　　涂于飞　　张云庚　　孙新格　　王万领　　夏从标
杨　娜　刘晓娜　　杨觉明　　卿春波　　董清臣　　徐建斌　　赵涛涛　　霍濯宇　　陈玉霞
黄海深　前利生　　袁占强　　黄灿领　　乔振聪　　武兴会　　王信春　　吴国运　　王　洋
苑红磊　李　翔

● 2012 届

司海刚　崔　亮　　万瑞琴　　刘迪龙　　田　宇　　杨晓丽　　李新栓　　聂举洲　　何　飞
陈俊领　郭耀明　　李　宁　　张电波　　李云涛　　孙保平　　宋崇顺　　郭　凯　　程永勤

● 2013 届

王　冰　王德玉　　畅青俊　　苗桂帅　　吕志聪　　吴少军　　杨元青　　陈修锐　　陈　楠
邹少峰　孙嘉若　　张亚艳　　高　涛　　沈　辉　　施小靖　　柳玉彪　　许素云　　吕志娟
吴小平

● 2014 届

张小净　石清锋　　王燕燕　　张亚歌　　陈娜娜　　蒋　凯　　李　川　　李向敏　　李春柳
李赟玺　雷　校　　张　旭　　杨友贞　　杨高强　　郭俊生　　罗　雯　　王　可　　唐晓冰
刘剑文　时燕妮

● 2015 届

郭利彬　严　茜　　梁瑜灏　　罗东宝　　吴　青　　王亚丽　　孙邡洋　　孙姝纬　　万　宁
伍　洲　杨晨晓　　朱治广　　李　宁　　赵耀龙　　兑静娜　　宋笑影　　顾广钦　　王晓云
陈　涛　付昊鑫　　解兵兵　　李高敏　　陈　铃　　柴　菁　　韩长峰

● 2016 届

郭欢欢　徐炳华　　叶灵云　　冯真真　　孙守在　　陈生田　　曹艳敏　　陆　扬　　李　伟
卫超超　张小萍　　池　振　　杨晶亮　　胡卫飞　　杨开青　　李栋栋　　张永乐　　程陆玲

江丽芳　管瑞娜

- ● 2017 届

张杰令　刘　晴　贾溪洋　解俊伟　曹娅婉　徐贝贝　易梦骥　李秋玥　张丽英
张喜雯　金玛荣　禹青秀　马　乐　董文泽　付兴凯　唐丽平　王旭深　陈晓虹
李宝雨　韩凯凯　邝忠诚　纪永强　马海光　程　琳　胡俊霞　马志伟　高伟星

- ● 2018 届

张　欣　郭　幸　高亚鸽　王刚毅　陈　聪　梁记伟　高小霞　张倩倩　杨振振
胡　阳　关卫宝　张　菊　裴晴晴　徐廷华　陈海东　高兆猛　刘现青　李　培
李亚萍　申乾云　朱　双　蔡俊霞　胡明明　郑明理　王建伟　栾　康　鲁朝晴
鲁章波　靳冉冉　普赛赛　张彦斌　刘　娅　张丽宵　张　斌

- ● 2019 届

王黎明　李莉莉　魏留明　李敬文　栗　利　司梦婷　张　晨　赵　瑞　张栖铭
王桂霞　何　柳　朱朝锋　李艳秋　刘　丁　刘燕燕　张　艳　吴梦君　王合义
孟凡帅　张梦华　刘　果　马小玉　李晨冉　彭亚茹

- ● 2020 届

徐　峰　秦玉娟　时　雪　肖乃瑞　孟理想　戴婉琼　张铮铮　周红璐　赵亚蒙
李鹏迪　赵笑笑　易淑宏　高枫洁　高镏飞　董玉婉　苏攀哲　马梦恩

- ● 2021 届

刘　璐　张建文　石贝贝　郝夏玮　王　莉　杨琪子　杨林颖　郜蒙蒙　杜　楷
刘　阳　陈聪聪　周　晴　金苏月　曹逢霖　侯素敏　贺文丽　陈　晋　崔迎茹
马啸宇　张文河　巴国航　孙家祺　黄改革　李　娜　付　颖

四、本科生名录

- ● 1963 届

王新民　王成义　李赞辅　李毓秀　李泰然　李耀杰　李利民　李良正　李思众
李学谦　李培庆　张则仁　张锡屏　张治平　徐少良　陈英里　陈集瑞　程鸿梅

马西河	马俊杰	马彦智	常虎哲	陈芳秀	付明欣	宋发乾	宋湘洲	吕明善	
吕天祥	杨延年	柳公卿	梁治中	郭 瑞	苏鸿元	蔡秀英	凌全伦	周振富	
邓万修	郑松盛	胡荣志	吴喜堂	贾得欣	雷振岳	齐景玉	赵玉卿	左肇堂	
徐合林	黄秀华	崔应照	汪书长	莫致全	王健民	李忠信	李金才	王国芳	
王鸣洋	李作耘	李同欣	李宝剑	李博实	李久学	张学正	张会昌	张香领	
张诚禹	张富田	张志荣	张慧敏	刘呈海	刘桂华	刘宗贤	刘文勋	刘顺才	
刘玉恒	陈玉明	陈金陶	陈文山	陈文贤	陈保银	鲍道然	陈颖南	崔 合	
孙志宏	郑风林	郑慎学	宋良壁	宋道中	马钦亮	高 根	史爱民	邢广震	
曹荷英	唐保福	许铁汉	金秀兰	焦天恩	关学武	吴金宽	熊翠娥	白学立	
杜家成	曲金焕	雷振坤	吴俊勉	杨晋乾	路伟谋	周福秀	王则润	刘克健	

● 1964 届

翟凤英	于庆芬	刘雅琴	舒玉英	臧梅香	李长敏	王慧敏	王仁义	王租华
王龙伴	王山峻	李有富	李振起	李俊禄	李富贵	张孝良	张世旺	张同乐
张广荣	何斌启	何群才	刘田瑞	刘清然	任智堂	任瑞彦	宋兰田	宋书建
徐德富	吕昭思	邵瞬先	范泽栋	方新民	曹松枝	曹彦群	秦继渺	叶正聪
周欣泽	郭全法	于洋滨	乔延龄	侯书山	马松江	高铜中	赵留安	贺连周
孙永卿	吴秀荣	张银栓	王友兰	王惠英	王全贵	王世民	王合祥	王庆敏
王进普	王庆纯	王保健	李本永	李康道	李富文	李麦焕	李绍文	李均照
李荫峰	李文太	李康洲	张强义	张广林	张振忠	张 军	张鸿敏	张中仁
张应乾	赵怀印	赵海松	赵海根	杨玉佩	杨型锐	宋富有	宋振方	刘全明
刘效唐	孙 煜	孙贤曾	徐登龙	陈好学	段国正	贾修德	郑有乐	符自修
郎二槐	尚贵生	于云河	叶维宽	卫芝圃	梁书林	陶山根	冯富松	付光华
路树青	石天智	施立仁	蔡幼波	袁登献	姜春荣	梅振武	方明安	楚国政
宰学伦	周世钧	马忠顺						

● 1965 届

刘合群	杨继德	崔景文	石清文	张京元	彭崇法	李洪章	张凤歧	耿麟卿
许惠敏	李艾虎	董启莲	黄学贵	崔建文	于国有	刘韵秋	李仲平	苗玉香
时清波	冯传安	陈黄兰	马改花	李光耀	白周贤	李建强	张本学	阎凤仙

柳辛瑞　杜松涛　阎乃清　员德起　董维华　李坫安　于文改　张茂松　王治祥
韩邦业　赵风吾　王凤军　董相峰　张克让　李俊兴　纪世儒　王瑞生　刘明三
贾德光　毕好学

● 1966 届

杨玉清　谷凤英　白淑彩　王惠珍　徐荣礼　李海科　郭凤霞　李欣茂　李　尊
郭惠芬　李六合　王炳泉　郑冠礼　姚爱霞　王小柱　王长玉　王先顺　王国庆
郭乐农　郭成修　刘九强　郑保鸿　郑　锋　郑炳昕　魏步凡　高自友　杨国武
杨永典　刘廷栋　高金榜　任保业　关　铮　廖旭登　马梦坤　文万兴　计金生
兰克生　贺海金　侯同臣　庄文生　韩　征　陈　兴　宋金福　谢桂林　张振宇
朱建广　丁凤英　黄自太　李云章　唐从志　朱兰香　唐芳英　邢秀卿　赵景春
郭永钦　为人民　单红卫　杨学玲　连明瑾

● 1968 届

侯德福　刘士禄　司志毅　周学勤　刘天玉　丁素娥　蔡秀珍　钱会清　贾予东
李惠兰　王淑秀　王子顺　冯朝波　冯朝理　樊友良　陈连山　陈振清　吴志斌
赵新德　雏太民　张学智　岳文清　兰德正

● 1969 届

林篡英　李淑珍　冯素霞　王晓冬　王喜圈　王留德　王春生　张荣全　张　钦
张本占　赵海清　赵大俊　杨德安　杨广明　贺士俊　徐有生　袁　欣　孟繁新
祝道修　刘福生　孙尚卿　杨学玲　刘建亭

● 1975 届

戚东海　张根运　陈长顺　胡美荣　崔玉桂　张克荣　吴全民　李建新　程义文
张桂珍　徐长富　常月英　任学英　肖传玲　霍清池　乔玉兰　杨成云　唐云芝
崔富坤　李桂英　司运芝　郑　显　何法语　董　俊　汪怀灵　曾庆兰　赵　辉
杨云林　孔维英　马明芬　赵增富　窦金灵　张保亭　边家玉　王小勉　白学昭
刘　仁　曹卫华　边玉臻　李昌华　崔玉爱　陈赅顺　付西方　丁淑凤　蒋海涛
轩爱华　张　勋　陶德章　曹宪林　杨俊卿　王　珍　张秀荣　尹更生　高聚华
袁长生　尹忠文　赵书凤　庞灿然　党安芳　李恒志　魏凤英　唐文喜　霍九成
杨正芳　宋自立　滕甲邦　王道勤　岳长安　徐思明　王秀清　关美娥　代洪纯

陈邦学　王二凤　翟铁在　陈培庆　张　芬　张俊娥　冯守兰

◉ 1976 届

何锁留　刘　娟　刘健生　张继武　茹焕芳　李荣跃　李淑芳　张爱叶　周兴亮
夏凤兰　毛巧真　杜勤远　申石头　陈玉兰　赵秀枝　侯梅花　周满良　李秀琴
王福民　张俊荣　王桂荣　周书全　安绍廷　刘忠杰　王秀琴　范艳玲　万桂兰
朱生振　刘国英　崔守兰　李传秀　陈广玲　于增保　代凤兰　付秀荣　张玉莲
丁少云　祝安彬　张玉芝　卢秀琴　李华芝　孟庆贺　陈玉镯　李艳梅　田大璟
张菊芳　陈全记　朱秋枝　孙全德　张国英　单桂花　刘　亭　张学文　曹培云
刘文秀　程明月　程坤富　王登玉　王　翠　李翠英　李瑞芳　白明纪　李世荣
孙君阁　刘文生　韩金兰　赵建中　赵顺香　逯建丽　胡　颖　张国庆　张鸿全
张玉凤　赵学文　付新胜　李如意　刘书欣　梁百禄　王景年

◉ 1977 届

田　波　周静宇　李海洋　胡　琳　刘桂华　王留柱　伏珍珠　秦素芬　王宝莲
王雪云　马普真　孙　铁　张庆礼　马孝贤　崔　勤　陈良新　刘爱芝　慎金涛
侯传芬　朱凤兰　杨素英　安根贤　刘双牛　赵有才　丁勋伟　孔东芝　席新茹
张信学　张爱联　李怀民　仝　伟　刘长法　马伍魁　邢建国　张金德　刘中先
姚书显　王东芹　王振勤　张喜堂　陈连玉　李润林　薛永红　王素珍　卢炳英
张军霞　田玉环　任润姣　李本奎　袁万芬　孙　宝　田自有　赵昌荣　孙焕珍
泰文东　霍生建　代秀云　郭兰英　张秀兰　董瑞英　崔兰英　王再林　李静荣
朱殿兰　刘传德　胡秀芝　范宗玲　张大海　王喜梅　李景丽　刘凤莲　齐万朝
席文香　贾凤莲　赵秀枝　朱爱先　刘玉梅　陈金英　张　叶　曹艳群　吴建民
李桂华　常遂安　刘观秀　王栋兰　杨志慧　朱文波　李　影　杨天芝

◉ 1978 届

张淑爱　李全德　李迎春　王胜利　郑　开　邵淑萍　寇艳玲　高振杰　李巧玲
张　燕　张兴林　武士伦　张忠民　刘显常　田步敏　韩胜利　颜春明　牛清海
刘少华　李兰英　张培真　刘素英　阎玉美　宁忠亭　景　渊　董彦松　刘建民
郭安生　王颖水　刘明道　王金项　夏　福　尚为人　赵毛林　苗玉玲　陈菊红
宋佳音　方天增　王义端　王海波　戴忠民　周金卷　禹贯迅　职福莲　苗跃阳

刘翠琴	李连枝	李予勤	郭彦杰	张德军	刘代明	张利利	张德迎	王秀云
李景华	王凤仙	赖中华	范保丽	黄秀云	江 洪	艾 奇	阎素兰	孙素梅
师怀贞	杨成营	李宪法	尹国盛	马金军	郑月兰	韩朋君	高玉华	范烈云
杨玉花	丁桂英	冷春燕	黄保申	程东和	谢复有	杨喜琴	张承枝	冯光荣
甘文茹	赵云华	张殿凤	杜书勋	王清朝	陈玉华	苏平武	王秀芝	赵凤兰
於金凤								

● 1979 届

梁崇峰	刘肃山	王西岭	张庆华	周正展	代继萍	袁秀玲	李跃民	林效东
张训海	孟东辉	王硕安	童传礼	马培芬	李恒科	刘秀娟	刘兰妮	徐伯政
崔书新	张顺生	耿宪生	侯相阁	张新锋	孟庆启	常淑珍	刘传昭	张文建
李松转	高秦英	夏新恩	汪国安	袁庆濮	丁 菲	黄亚彬	张 谦	杨水央
魏怀章	董圣芳	李存妮	于清泉	侯秀红	杨永钰	祝长修	高豫玲	尚清霞
常海忠	杨伟林	吴丽娟	陈翠兰	刘友亮	张学军	夏长珍	许士峰	邵启凤
贾凤兰	张申峰	张勋良	牛灵芝	王守才	陈秀芬	张桂霞	阮晓玲	武复生
张德军	罗丙灵	丁亚海	安淑琴	王素平	庄惠平	阎玉华	李铁琐	刘 瑛
王 磊	李金岗	李清宣	刘桂兰	展文贺	王广珍	谢天祚	王桃洪	李 清
卢国华	阎纪超	王 苹	王 震	金顺成	丁慧琴	谷 景	张国祥	李秀菊
韩留顺	顾建强	赵东风	张亚利					

● 1982-01 届

张 庆	徐效华	李世明	张 择	李道勋	牛建中	王新中	张钢生	李立强
郭玉山	赵安庆	张敬民	高凯年	李淑珍	王留玉	张长林	颉淑菊	崔景华
王金安	李济志	刘德洲	张文胜	邵宏军	尚思营	赵树松	李伟华	梁耀增
马 玲	魏莹霜	李 岳	孙洪伟	毛海涛	刘沛龙	田德平	李 杰	孙秋华
赵建军	吕建平	付世勤	杜忠远	田 真	赵新君	王新跃	魏平西	罗郑胜
杨晓初	黄玉霖	许志敏	张连堂	张宏欣	李小江	郝北渺	邵金星	张 平
赵 伟	胡 行	陈扩建	项士标	路 立	王卫中	刘跃生	杨清岗	胡克罡
王庆国	张建庄	张宏茂	孟 杰	王 军	毕勇毅	张茂盛	陈春凯	陈平生
朱天恩	郏建增	李元章	王 宣	张旭娜	孙卫民	张大策	王春旺	刘文胜

李　旭	王士江	杨鲁西	黄文明	张忠锁	赵宗裕	刘燕京	周秀霞	岳筱萍
邢怀民	郑景华	孟伶伯	张贵堂	杨会营	秦保华	陈绍文	李久记	陈秀明
周国运	金丽莎	梁会琴	朱庆方	陈小诚	刘永乐	王　瑜	徐国民	夏怀长
张红廷	王坤田	施昌海	程东安	李　青	董新华	王梦琮	马宗峰	王二中

● 1982-07 届

李二祥	王常军	张涧萍	李平生	莫立勋	张国安	梁郑生	岳佐峰	张　德
李　勇	唐运民	余　波	解占一	李依群	李侠捷	段嫩芝	白跃红	李西良
薛千忠	王胜利	张坤书	李建民	郭启刚	田长来	路　康	张振东	梁二军
郭　盛	周学文	兰　申	董卫军	李德华	张如道	程剑军	吴大炜	王建新
李树东	王善民	白　俐	张西铭	许晓惠	张学敏	刘亚洲	王祝伟	李祖海
赵　锋	张泽军	孙葆龙	李一青	卢周亭	卢民德	赵　军	孙武明	刘富根
花新芳	李文惠	孟进芳	章文华	栗三明	杨子昌	王天喜	刘俊生	尹　柯
刘兆胜	沈欣和	申耀德	康玉亮	李建东	陈秋文	夏华强	袁　超	李建中
刘拴劳	王永法	赵俊良	马　野	刘振武	王留义	张金喜	程盘根	郭子明
徐少华	唐小芬	刘美琪	李运湘	赵　辉	李治军	杜远东	邱华统	张宏伟
张　强	李同杰	古武松	王鸣昌	王云哲	贺　明	毛爱玲	王付欣	张景堂
丁立中	朱灵魁	盛民生	王家民	郭宏基	翟国胜	焦鄂彭	刘遴致	肖　冰
王俊萍	周敬梓	丁奎元	曲　兵	郭保中	谭俊良	吴　峰	李振羽	潘跃远
陈俊夫	杨苏参	于海洲	崔八军	谢　汴	张敏晶	朱俊杰	梅慕松	周金虎
徐　蒙	赵建国	马晓东	袁国金	祁进华	高宏跃	郭少华	吕　来	

● 1983 届

王瑞生	李　波	贾建州	毛　英	高　屹	李春耕	郭孝林	梅中玲	崔华夏
陈少波	秦占奎	沈夏虹	李红燕	莫亚菇	兰大明	孙　雷	郭胜利	张国华
才　毅	张益庆	高　山	方　可	孙　鹏	徐　鹏	黄建水	臧建国	来清水
金正现	田占立	马　涛	刘成仁	肖振军	张庆国	李重庆	郭桂平	王世复
吕支辉	罗文贤	马占欣	王春光	彭　华	冯春晓	樊彦朋	万书珍	张宗刚
陈东烜	白建平	赵兴文	张庆兀	陈玉甫	刘舜民	刘民廉	付　宏	冯国军
王　伟	殷红臣	纪会生	冯卫民	张　毛	张如彪	杨凤菊	何丙华	李留战

王春才	李士仁	苏理明	朱夏玲	张友建	韩进杰	陈作峰	冯绍晋	甄德付
梁 辉	张爱丽	刘冬琴	余 斌	吴 林	汪基德	张富国	田建华	李祁峰
王海山	张建民	王爱平	干 群					

● 1984 届

李 勇	董 忠	唐 义	李 彤	张国林	徐 波	刘芳增	席志远	张大立
张惠丰	关六三	陈汉华	谢一恩	张辉平	马长印	乔文明	赫忠贵	张树建
薛光周	索宏雷	谢保国	晁明举	周玉军	孟宪亮	顾玉宗	何拴德	杨秀民
高宏军	先丽素	宋艳荣	原东生	朱洪雁	周笑薇	徐沛力	杨志敏	汪 汝
张志勤	李明显	张 静	李海章	赵书贤	刘建庚	孔祥君	郭从宝	赵建廷
张国伦	夏宏森	关铭芝	路 平	张电子	冯中涛	张明亮	晋智杰	杨型信
陈德录	曾云飞	郭西敏	马建福	王青理	丁维杰	李成立	商坤明	管保安
张新春	刘培新	郭江生	侯 杰	党志中	郝旭升	郭怀军	王义军	彭梅生
张永胜	曾 岩	魏宪林	陈中根	史代秀	彭聚良	刘书瑞	杜建青	李永庆
李序平	周向阳	刘光访	田予宛	王建生				

● 1985 届

张文同	蒋逢春	王康君	张凤华	王保亚	杨金民	王彦民	杨 平	潘天银
符五斌	任尚坤	胡国民	董景城	张运福	李同印	刘国顺	肖海轩	冯晨钟
汪 建	张晓伏	牛韶斌	耿清峻	田太和	李向亭	魏秉国	赵守忠	彭殿勋
闫荣义	薛协召	王 媛	张子龙	王永振	薛 雷	杨新平	郑 健	杨国胜
任奖善	李振峰	刘占营	韩保贵	赵永杰	巴海金	王素玲	刘鲁予	闫新全
苗天成	王长顺	李祥生	张怀广	可东毅	张庆杰	黄心喜	王治国	邱长行
周 炜	陈常军	李铜山	赵海军	刘学义	蒋义勇	鲁长清	罗荣辉	胡卫东
朱明悦	王于民	吕照国	彭荣新	姜明长	屈启祥	谢少敏	宋安国	吴孟铎
王韩锁	李民选	张朝钦	袁书卿	杨文亮	陈东平	陈建国	丁炳云	李建帮
夏明强	黄 巍	李振标	冯石滚	党玉敬	牛建立	焦汝生	黄玉山	殷 麟
李福利	赵小霞	赵 白	袁卫军	王天林	王志广			

● 1986 届

田永智	康广生	王清理	刘殿敏	毛振华	李迷存	代忠运	王献民	付保川

王永义	周颖杰	高 波	王端庆	岳崇兴	郭 虹	姚金岩	谢克俭	马二红	
马占营	赵念欣	马翊钧	谢荣华	李战胜	刘明智	岳步江	余保龙	郑承怀	
刘洪宝	张君召	韦录强	许 兵	王 功	许喜成	李利成	王玉仓	付元增	
常自才	曹 凯	时兴国	李利珍	李华山	刘海洲	赵志国	崔军生	辛小利	
席高杰	杨建浩	何 勇	王 平	冯顺利	李仟忠	江建生	黄宏春	黄春胜	
王敬斋	孙崇选	徐书耀	孙 驰	李晓龙	刘玉保	贾海潮	王学军	赵爱国	
王浚强	吴高峰	王 舜	李 轲	张 豫	王俊平	潘自力	张恒文	王德强	
郭长现	张具炜	尹红雨	王栋臣	濮华林	卢祥举	白旭灿	葛尚顺	刘会军	
张继金	王新安	刘玉明	徐路启	杨 鹏	宋新健	王卫红	郝素香	苏苗金	
马秀艳	袁书兰	杨正涛	李中杰	崔天灵	吴振民	张胜利	李战波	薛喜昌	
张绍武	崔甲武	袁铸钢	周治欣	许建锋	徐九霄	张志和	康敏成	曾宪林	
刘先省	张 强	陈顺志	冯广杰	李盘根	田树贵	龚文军	王 琳	闫 峻	
王 叡	魏雪芳	范朝霞	蒋静哲						

● 1987 届

郑桂珍	朱秀阁	贾新芳	马 军	曲红霞	郭瑞芝	韩炳舜	崔新国	杨 波	
李帮福	赵洛滨	杨广鼎	郭 辉	薛慧庆	王更乾	刘湘华	李德河	段宏君	
杨建昌	卜小龙	罗先应	刘相宏	李文俊	潘喜中	王吉山	何建辉	高彦林	
张留拴	卢锋矛	魏增林	许红芝	仝建萍	王玉霞	张庆胜	刘 强	宋 芳	
侯继慧	张国玺	赵卫然	魏鹏献	李万臣	王 晋	谢元龙	谢少谦	吴颖超	
王金亮	李 季	李保峰	雷贯伟	查方春	刘丹青	康明德	周 宇	杜新良	
沈庆兵	武 燕	蔡春升	张松海	赵玉强	张克杰	刘圣先	赵淑红	王素莲	
杨秋鸽	王宏华	王爱坤	杜 娟	田瑞泓	刁梅萍	朱遵峰	刘霁堂	苏国生	
豆新旺	吕本俊	张运昌	李兴莹	黄祖才	杨相立	王延召	曹玉民	禹学强	
李德宏	李 卓	李秀运	连心会	王永祥	王廷仲	张静宇	张文宜	薛花亮	
曹富函	党自恒	尹 斌	尤建乐	丁焕中	李随源	陈 亮	王连魁	曾庆龙	
王天林	周景民	李国良	姜振峰	杨庆松	闫贺尊	王友林	魏永先	李水卿	
张伟风	靳晓武	徐 枫	刘术林	黄明举	张宏旭	于庆立	高文山	刘平安	
邢福建	解远汇	陈理印	史彦鹏	王 辉	汤杰泽	叶宗成	周远长	陈赣中	
刘战柱	王玉敬								

● 1988 届

孙书军	薛增田	梁松军	周河先	李术广	张公民	李功毅	张红云	陈绍祥
张建业	王殿宾	聂金涛	关现玲	高海林	郭进生	熊英明	陈海峰	夏军堂
陶小林	孟凡信	刘义生	宋久成	徐化卿	张凤真	王玲珍	郭尊歌	王玮玲
常艳琴	潘凤萍	宫银峰	刘彦木	张新顺	郭治权	于国发	屈解放	吕洛智
赵秀轩	赵 强	李遂强	刘东绍	董长平	王承耀	杨继亮	谷同林	余运超
高新亚	史 殁	李兴龙	张生龙	雷好杰	王春喜	叶永青	李茂松	钱其德
侯 升	张 靖	薛玲玲	王少昉	袁 蓉	秦秋霞	王文琴	郭宗玲	耿海力
吴家奎	丁建国	乔利亚	郑富林	齐延华	郭安成	周韩伟	李新林	曹留妮
张 杰	柴志纯	杨篪玺	李建峰	苏文平	赵富廷	郭新力	刘志迪	唐玉鸣
王安立	燕志章	尤霞光	王兴芹	苏玉玲	赵智丽	王二梅	李立新	刘玉香
曹付兵	刘成国	李金山	刘明义	蒋天晓	丁书鹏	刘卫东	蔡宏伟	张遂生
石文彬	刘家勋	黄 昭	王应绍	程宏范	刘运卿	王 东	梁建民	黄高生
李会士	吴 伟	王 翀	蔡新生	王广俊	韩玉华	夏锦红	崔福珍	武艳晴
李爱珍	冯瑞华	杨俊红	皇甫昱	贾志义	莫红梅	黎 原	戴遇春	张国卿
张孜平								

● 1989 届

王巧玲	戚利芝	王海莲	王翠兰	邢华中	李书梅	裴红利	徐秋红	程伟红
胡峥峥	唐启红	李永杰	苏安平	徐学军	苏宏义	毛明晖	张 宇	于学义
邢青林	余海民	段勇军	彭国银	杨文锋	吴一亮	张新生	申桃江	韩玉杰
李 晓	张旭东	李 斌	李平华	陈冠宇	胡国河	郝文录	张秀森	汪 放
王洪伟	何松坤	牛景跃	王海臣	王树立	薛 洁	武宗停	苏文鼎	张军果
赵丙东	刘 静	潘 静	徐洪平	潘更生	王立新	刘重九	柳英卫	刘 斌
贾 华	李彦敏	刘保喜	徐智雄	赵志芬	姚凤霞	张月楼	王冬琰	黄 楠
曹丹青	王葆芳	姜淑华	刘冬玲	张 雁	王东亮	张记柱	庞 非	闫春鉴
张大鹏	陈林生	楚嵩峰	刘香旗	李德中	马长银	陈向炜	王喜民	程保世
田祥林	鲁传明	张 错	陈宏建	刘 雁	侯国强	高宇飞	申智灵	刘自钊
鲍新卫	吴显强	赵军明	秦玉怀	郝立功	赵红川	段逢民	李海宁	张帮奎

| 于 江 | 徐永刚 | 樊志宽 | 冯立新 | 韩永征 | 陈 汐 | 高怀勇 | 李志彬 | 刘 海 |
| 郭晓凯 | 孙信友 | 朱三行 | 朱凤池 | 孙胜先 | 王新民 | 高 云 | 张 宏 | 郑文中 |

● 1990届

李桃亭	易志付	胡玉成	柴贵海	赵亚坤	杨卫忠	轩勤忠	万毅强	时 峰
丁保康	王勇彦	管世生	王东文	杨晓东	赵元福	范锦义	张 起	韩振宇
吕良军	苏燕英	郭新儒	郭云保	谭立贵	李 晔	苏国印	李世憬	陈大见
陈建森	郭绍炎	李社勇	侯宝新	吴传镇	付革红	宋云风	魏新红	黄绍山
董 红	郝国梅	马 林	郝振莉	郭惠芬	梁先霞	吕 芳	汪大军	周大明
梁光华	郝尚锋	岳喜彦	张中义	孙红光	翟建臣	张宪成	胡 斌	廉进昌
赵现光	李国堂	苗文学	郭崇明	庞 军	袁耀广	李记堂	陈金林	贾应军
尹云广	袁开宇	陈 涛	左景民	李晓阳	陈新生	马国福	刘钢锋	杨 灿
伏忠于	许晓兵	王常勋	曹忠慧	马 领	潘爱红	张 艳	熊英存	王宪敏
贾 毅	高惠娟	王海燕	张建生	李清超	朱登敏	姬红荣	任国霞	王国庆
张新生	阮志中	赵 航	郑旭升	巴继伦	刘 伟	常海雷	胡进朝	王 峰
黄中原	张法杰	袁志青	赵春芝	李爱玲	戚 默	郭国庆		

● 1991届

范爱玲	彭祎亚	黄珺璞	薛丰慧	侯黎明	阮化民	梁先春	胡 波	王立红
刘玉华	孙志国	徐文洪	禹海军	张 翔	樊华兴	张继勇	王贵民	冉广照
黄宗升	代振华	刘海顺	刘 刚	王玉兰	陈海江	刘汴玲	陈少红	张金科
马志远	曹海滨	杨立功	李文花	刘文霞	李凤云	杜向军	张玉平	李美莉
戴海宗	叶长青	张国安	李国强	姚中锦	孟绍华	蒋 勇	秦熇镝	龚红梅
张燕利	陈东阳	王全广	王 莉	杨晓云	吴长立	王建德	何红卫	段祥魁
李新红	王永军	李 凯	杨再云	孙刚亭	姚红英	刘小红	董慧芳	杨云峰
陈 琪	王继先	刘旭洲	栗 斌	邰明辉	李 朋	蒋 勇	王国栋	肖 毅
金江威	刘宏伟	谢文胜	蔡怀洲	乔建民	王 雍	孙亚玲	惠山林	弓新桥
李胜义	付邦社	郭志宏	池忠宏	张志强	王继承	孙益群	李勇勤	严大卫
岳胜利	王顺强	张智军	毛 强	刘 斳	程红梅	李国贞	陈慧萍	王清林
王国志	钱 萍	聂 强	王明科	田拥军	陈卫军	李勇勤		

● 1992 届

蔡 锋	康思宇	朱传立	张勤亮	杜保玉	张文义	王智有	祝雁南	姚中化
于 伟	李中平	刘 俊	李鸿禧	张邦生	段连政	包剑锋	王永启	闫培新
赵建强	朱瑞英	张雪玲	杨书焕	侯杏花	李 婧	杜红霞	张 钧	刘艳琴
李景福	张卫平	罗国杰	贾新甫	王伏岭	鲁来周	孟 彦	张文友	叶新岭
王瑞强	王永辉	王红军	贠青泽	马建立	朱红伟	田志峰	梁利江	韦 潜
李 晶	姜 锐	郭辉峰	单智习	赵春芝	胡凤华	孙 英	张敬华	常华东
司春杰	严长敏	刘险封						

● 1993 届

宋爱华	王艳席	杨亚利	田清茹	齐德香	费恩森	武保剑	陈 波	马国宏
宋斗井	陈喜春	朱惠兴	马明轩	刘 琦	李建新	巩继锋	朱玉君	朱彦涛
王军武	许志胜	周金刚	朱颜文	吴祥锋	周启功	王 琦	申梓刚	张曙光
邓红伟	王长春	王建朝	贾建菊	陈冬梅	郑宝君	万有军	唐志强	刘红娣
严 波	田 川	王昌华	王 忠	范 杰	张胜利	范宏涛	丁 戈	李 强
段志民	拓广忠	胡道秀	黄煜坤	单廷进	刘 辉	赵卫华	李 咚	唐文军
杨建军	魏冠蕾	薛善营	陈功华	程宏波	田 勇	何海丰	邵先振	崔 军

● 1994 届

刘 涛	韦前锋	魏敏军	杨宏波	岑少彬	徐长锋	孔德明	王 峰	汪 松
朱 彤	张 志	黄振海	李贵泉	谢学广	李礼文	杨 锐	张兴华	吕茂春
魏以珩	王振杰	郭洪涛	毛京军	陈元军	陈永亮	程延松	胡国峰	高松华
刘桂生	霍彩云	姜 慧	王 丹	高立华	曹爱红	赵华芬	常敏娟	赵红花
亢庆雷	闫大龙	朱彤珺	李雪松	蒋建平	王玫卫	徐建伟	高灵超	周本汉
刘成斌	胡 铭	李慎德	黄俊领	许化芹	贾景文	刘洋涛	闫泽建	孙志辉
孙大成	赵成东	王士伟	代纯军	崔保兴	朱 彤	貂新中	张现国	张献立
谭鸿成	王山岭	王艳霞	孙小红	韩 华	黄金霞	刘 慧	翟乐平	马 睿
王 东								

● 1995 届

| 任晓梅 | 周红霞 | 刘素贞 | 张 皓 | 罗 晖 | 李中巧 | 魏丽珍 | 宋晓茹 | 郭晓娜 |

汪　超	方来付	徐林峰	魏培永	葛全永	李少华	李会联	黄备荒	陈少坡
郭自桐	夏黎明	乔庆军	李广义	刘国辉	余现学	李东方	杨　渠	张文庆
钟道强	李德军	巨　伟	范广新	张海军	王浩川	王庆玮	杨瑞亚	李　泰
景慧杰	邵建国	刘新伟	周肇臻	张晓玲	毛艳丽	詹峻岭	孔金晓	袁瑞霞
韩　蕾	张文霞	郭桂叶	江小琳	凌少华	徐　强	朱建国	任永红	常全利
王金军	吴艺海	贺保磊	焦国新	王永建	苏国领	杨　涛	蒲超杰	程志甫
侍国亮	黄　涛	董二磊	孙　竑	刘　松	闫逢旗	叶红星	白俊凯	张万舟
杨　钢	王学功	李金才	胡义军	王玉红	雷呈灿	李　勇	李树伟	郑长江
梁金锋	张锦莉	魏凤芸	白会芬	刘　莉	陈淑平	董　艳	谢勤英	李京堂
张晓宇	赵世英	郑永新	李长中	高秀峰	周文彬	杨延春	张延春	徐德利
马　驰	朱　盛	张　鑫	郭　杰	田建伟	李　颖	滕　良	师存良	王建民
闫冬梅	宋治钢	董秋玲	侯　红	陈有国	赵冬梅	黄　丽	关　强	李国刚
王　立	李培兴	赵振华	甘仁伟	张道伟	张远宏	朱勇刚	刘丰云	王旭亚
胡云才	李景跃							

● 1996 届

杜志茹	孙　颖	陈　燕	聂　敏	王保菊	熊克云	裴　宁	孙　睿	陈春婷
张　婷	赵小侠	涂鲜花	朱素峰	窦　剑	魏建伟	刘宝丽	谷海红	孙　挺
李国桢	曹玉瑞	门保全	李永升	陈东海	和立志	孙小军	闫保松	张振龙
刘　涵	李　军	李志怀	高旭灿	胡化矿	张五现	王　涛	桂　超	付建立
唐雨田	李明勇	贾正鹏	李保刚	陈国华	周进功	郭延峰	代俊伟	李建敏
付振勇	赵发瑞	张建勋	王自军	卞和营	马文海	申　琳	罗文峰	李战胜
张　勋	赵卫东	闫文辉	张映东	李光银	刘承昭	韩俊生	李民强	崔　严
陈红举	熊金柱	闫　隆	陈少鸿	张晓辉	王相同	王永庆	李德泉	吴　烨
刘玉洁	陈银婷	孟玉敏	马玉娟	彭奎庆	张红太	孙永辉	于龙河	李　斌
李学仁	张永超	付　强	刘　芳	罗　洁	张　挺	邢春辉	白坤江	崔　得
崔梦阳	李　慧	李晓春	高素娟	李成忠	李瑞清	李雨生	刘爱国	刘艳春
刘艳玉	刘英君	商建生	宋晓东	孙立文	王国柱	王青山	王志勇	邢　军
闫海波	杨玉茹	张春平	张海波	张顺成	姚志强	张会艳	张久青	张瑞波
张淑丽	张铁存	赵建波	赵旭春	李艳军	郭红旗	石永伟	艾丰易	黄可庆

张贵贤	杨志刚	侯建党	王建党	张 红	董素玲	徐红云	刘高峰	王 浩
陈 军	余中生	叶长青	尚旭增	李光超	施永平	王中华	张旭东	江国华

● 1997 届

申长福	马喜平	闫战强	李 茹	王连英	张红瑞	周俊巍	武力学	何春华
王振东	丁 佩	崔 新	杨芬华	曹华珍	杨电均	陈沫沫	张自卫	陈新庄
刘经泉	秦根红	吕巧云	訾荣军	王 丽	张光华	郭相宽	武湘峰	张 勇
岳喜锋	张景伟	樊卫娟	叶 阳	郑 凯	王庆志	胡警卫	杨红桥	都志涛
康 健	仝保峰	郭正欣	刘健申	朱大勇	张文魁	王长利	黄秋红	李中兴
李 雪	张芳志	施 伟	李 鑫	刘俊英	严 飞	江 辉	田永亮	王建伟
孙卫华	何 帆	魏 波	魏金丽	杨祖剑	韩 奎	刘文龙	徐学航	陈小虎
黄洪晓	董 华	郑 嵬	杨 华	董纪锋	张国刚	李福东	李志刚	赵会卓
韩晓敏	米新彦	郝文彪	姚咏刚	尤静宇	高 岩	吴淑娜	赵亚莉	王慧英
霍庆刚	梁庆国	巴素英	李丽兴	韩彩虹	廖淑花	陈 宁	孙艳玲	陈彩娟
穆丽霞	孙东霞	刘玉宝	张瑞盘	孟宏伟	洪 山	李小波	夏志阁	刘继平
符玉勃	董秀颖	王启军	张丙寅	王占祥	辛 超			

● 1998 届

郑瑞玲	刘建甫	孔 乐	刘 芳	王凯涛	李新良	王鸿梅	谢丁龙	韩要强
孙志刚	于翠娟	李国东	张黎晖	王 欣	李素萍	车贵甫	王慧娟	姚红安
王春婷	朱庆丰	郭海洪	樊红伟	宋大华	张纪伟	李 鹏	谭耀辉	叶培勇
张振红	马晓杰	陈 定	郭宇静	贾金有	呼雪丽	李明锋	韩 郁	卢万华
张建华	包 捷	张根法	蒋红信	张 谦	孙 严	毛广文	胡惊涛	王国奇
戴树玺	贾燕玲	李桂峰	王海霞	刘焕林	李运红	张继刚	靳步齐	杨宏霞
陈长江	赵景华	王凤霞	魏建辉	刘景军	陈 涛	伊 欣	刘越峰	薛中会
杨雪萍	周 雷	李思国	李晓国	王宏伟	崔彦军	万喜丽	刘高峰	王攀峰
童永在	丁光彦	刘建坤	黄守海	陈光耀	尚丽进	吴新丽	胡学刚	王晓霞
李华丽	姚 琪	刘彦芳	方丽君	刘 军	刘 愉	李俊峰	陈春辉	高二力
王红晓	南海涛	张利明	曹君伟	刘 昀	高 飞	唐 昆	杜银霄	马洪波

● 1999 届

蒋晓红　王秀如　房　芳　周　倩　李艳阁　唐　利　欧慧灵　任宏杰　尹十刚
宋世轩　李挺军　贾红理　崔　洁　刘海庆　韩俊鹤　苏晓伟　周军委　王鹏飞
李　洁　张新安　李　新　靳玉保　杨敬璟　赵凯芳　贺亚萍　王晓雪　赵红艳
郭　婕　康朝霞　兰燕娜　冯俊艳　吴明立　张彦森　张前进　高吉林　苏　展
赵　昌　张　勇　任维平　张志锋　杨林鹏　展　庆　张防震　车　鹏　解迎革
廖　鹏　余　涛　邱书钦　周长雨　高卫东　郝小军　路绪鹏　秦学华　朱纪春
张浩亭　张长展　张海涛　唐盈国　封　磊　张　安　胡亚卓　解瑞珍　金玉巧
程利芳　袁　婕　白秀珍　乔丽娜　魏　蔚　赵红霞　李红梅　母红专　翟伟品
王昆明　李清栋　张天杰　范彦淇　杨　涛　刁法志　孙军伟　马治国　贺华伟
阮桂玲　丁爱丽

● 2000 届

王晓丽　李晓华　孙献文　林　京　马丽琴　尹延锋　史书现　李胜利　程　纲
胡振纲　苏　磊　杭行云　刘名扬　刘向阳　李剑锋　田建军　程　轲　陈金胜
蔡洪涛　韩敬宽　王宝基　杨广占　许　磊　李亚巍　陈卓天　高　影　王秀如
张　超　姚海军　侯卫锋　詹亚歌　张俊红　党晓辉　宋喜茜　刘素华　田宝丽
马　锋　王　斌　王红团　马小华　孙豆豆　孙瑞丽　李　琰　张力双　尹家翅
许亚兵　邓　珂　陈保增　尚治国　刘战国　王玉华　付少杰　王培东　郭　浩
刘利斌　夏荣文　敬晓宇　石春林　毛海涛　严现志　羊汉文　郭　琼　符玉诚
孙　凯　巩小凯　王献伟　张海涛　李　杰

● 2001 届

岳景华　李　霞　李会玲　李书婷　余祥敏　谢　宏　张东玲　刘学珍　刘俊华
许爱霞　张静敏　曹芝茹　王赞美　张献辉　张宏普　张银良　赵志刚　赵彦锋
赵志超　汤清彬　刘占明　秦高岭　李　辉　李天锋　高轲超　邱海齐　庞文勇
陈德军　井丹丹　李玲玉　李若平　陈艳辉　陈　霞　张春梅　张宝侠　胡海燕
商海燕　高丽珍　王向欣　王燕雪　朱会丽　马　晴　刘炜华　吴迎春　王东栋
王华磊　王军红　王峰涛　陈　浩　李俊卫　李宾团　孙国才　宋　森　魏　明
谢洪涛　赵保真　路绍军　庞拥护　杨学庆　王振宇　杜　鹏　李红鸽　张小林
艾　锋　赵艳皎　侯全凤　张梦欣　沈　婵　高银浩　赵晓红　谢仙娇　黄素霞

贾兴芬	乔笑璐	湛梦丽	魏 凌	胡雅儿	申小利	严荣琴	蒋玉荣	翁纯纯
程培红	王淑贞	梁 昭	韩秀甫	姜 超	陈景彦	陈 铎	陈武锋	林 鹏
孙剑峰	刘应超	李良琦	张鹏飞	夏新法	张庆全	胡永涛	王克强	闫俊伟
吴翔宇	陈林涛	李 伟	陈建华	刘俊涛	张浩然	刘彦杰	刘 敏	卜小龙

● 2002 届

白 莹	蔡松芳	陈 婧	陈 频	党贵芳	高根玲	高惠平	胡界博	李 烨
李艳丽	林晓阳	刘汇慧	倪红梅	乔志红	任 娟	王景丽	王彩霞	王世超
王晓娟	邢 琳	殷 琼	张丽亭	张玉霞	赵慧玲	白艳锋	卜俊田	蔡小五
陈旭辉	党建刚	范俊峰	方 刚	郭 震	胡彬彬	韦怀勇	黄凡民	霍军荣
贾 锋	李春阳	李国超	李佳伟	李迎科	刘 峰	刘松民	路军岭	罗宏波
莫美德	庞 山	彭福录	祝普刚	邵 立	沈 晓	孙树林	田勇光	王 涛
王晓东	王永强	谢 刚	谢盛飚	杨 文	殷涵玉	元世魁	袁庆新	岳广兵
张继东	张新庆	郑 志	刘太刚					

● 2003 届

王 静	徐江涛	骆保纳	王利娜	马振雷	许彦廷	郑冬梅	王 仓	张 林
邢俊华	胡会永	邢嘉林	尚翠娇	范军峰	焦大斌	邢 华	李彦恒	王 兵
刘 嫔	凌宗成	杨志强	万 巍	肖 勇	陈海涛	徐淑丽	夏咏梅	李学良
温志忠	娄世云	刘学志	杨 锋	张燕珂	黄 宁	崔凤超	胡旭波	郭 庆
王 冰	杨 洁	刘玉春	刘安心	吴亚丽	蒋晓航	张二磊	李宗惠	李现常
杨 光	潘新华	师凌枫	井 群	王晓娜	王俊辉	杨光红	乔军霞	孙 兵
王松涛	王晓燕	刘利涛	宋 峰	苏向英	袁 磊	周 旭	段玲娟	王三强
杨明红	齐慧杰	陈 恩	齐曙光	王玉梅	徐鸿鹏	张玉辉	李现春	齐 新
孟 阔	程永光	周海阳	马建波	王国胜	师小兵	党建刚	李军锋	

● 2004 届

田 凯	牛金钟	李进伟	林丙臣	朱延谱	余 雪	闫常法	朱礼杰	张晓峰
楚合营	朱红英	杨钦发	袁素真	唐召军	孙保国	楚合营	张红美	蔡志鹏
贾彩虹	薛留栓	李昭涵	许艳霞	白水成	牛 坚	张 玲	李 金	王晓斌
龚 森	田贵敏	殷孟侠	王钟瑞	王伟国	赵俊娜	刘心泽	张大毛	姬 玲

马 红	王 伟	朱宝华	叶 滨	荣 林	霍小卫	徐鹏飞	晋培利	宋素珍
郭 曼	王 亮	秦永亮	郭东琴	杨超峰	胡金萍	尹海峰	王理想	崔宇通
冯素雅	王尚奇	丁丽君	张 毅	刘少慈	吴权锋	游丹丹	汪昌洲	周正基
温延华	葛战旗	马堂政	贾 磊	杨 致	周永丰	王文鹏	冯 进	李朋伟
郭志祥	余 银	徐巍巍	时学华	付丽云	朱晓阳	郭 靖	王静娜	张先朵
闫红霞	赵长英	闫 益	刘小兰	王芳芳	谢绍娟	张玉娟	刘朝霞	程书洁
程相林	陶海敏	刘金宝	喻静怡					

● 2005 届

尹利伟	刘小雨	赵 琼	张利霞	张 泽	陈燕林	张志勇	马珊珊	郑小明
刘巧敏	孙宝亮	余腊锋	白东峰	王淑娜	王俊俏	段军因	刘振伟	杨黎娜
张 斌	焦翠灵	王远松	陈 果	李玉龙	马 攀	李海涛	李 丹	胡森林
刘丽娟	王国强	张喜红	余晓满	张彦芳	胡春莲	刘彩云	徐秋云	高智贤
蔡 柯	王继娟	郭 萍	李艳利	柴晓丽	杨 阳	李小涛	张淑琴	郭 忠
杜延松	卢鹏飞	罗 明	孟付良	祝启涛	彭东海	王常聚	赵天宇	范 文
王拂晓	李恒甫	石科峰	朱 财	杜章永	侯顺永	刘红宝	刁先锋	张俊吉
李 冉	马盛林	申怀彬	刘洪臣	李聪丛	孙利杰	苏晓斌	刘帅锋	徐基伟
赵向荣	王海威	郭 波	王 辉	苏合伟	赵建波	张志强	郭 霄	王江峰
杨同辉	费致昌	刘 博	邓 超	董俊芳	张云鹏	薛智浩	张春光	鲁江涛
田文得	付燕华							

● 2006 届

朱 超	柴 黎	张 攀	贾伟威	陈永洲	吴豪杰	李永亮	蒋彦帅	夏有智
潘建磊	司留刚	孙玉星	李建平	赵利超	宁闲利	赵红星	张清风	胡亚锋
刘爱敏	王 鹏	刘贵敏	徐跃飞	李艳鹏	张 印	李峰云	陶磊明	李伟华
李洪亮	李 波	马济东	张东亮	尧玉恒	杨建国	陈振甫	李广立	岳红卫
赵文超	陈占果	刘二明	王晓波	臧伟华	周利伟	王银辉	杨俊涛	夏成军
宋宏伟	刘大明	王思航	张亚辉	朱海勃	张英坤	张宁涛	谢庆恩	麦泽锋
雷 娟	葛永亮	张 盈	柳 祥	姚 强	胡 全	余红静	裴桂花	周宏好
李 军	符 娟	潘 毅	常 征	周 瑶	郭超峰	王发玉	祁国环	原方方

史鹏超	李 贞	王 磊	黄水成	陈葛锐	许检会	毕 强	苏江波	陈东国
荆皓军	史 乾	吴元华	柴炎炎	王东海				

● 2007 届

戴 阳	周永操	于天然	王 茜	杨永刚	秦 珂	毛军磊	莫方方	薛迎冬
裴青山	夏 滑	杨庆恩	李海涛	赵娟莹	高 原	刘界东	徐丽杰	王理文
樊文旗	罗小方	王 洋	王东升	王素贞	杨 涛	胡东栋	张俊丽	杨延锋
陈玉金	王 艳	曹久辉	王 旭	刘亚焕	陈延功	高 春	潘亮亮	于 田
邹晓伟	郭露露	刘庆昌	杜鹏刚	马召辉	刘 田	康 亮	李洪凤	徐圣奇
简 飞	张晓娜	宋茂闯	张 雷	赵希磊	朱昌胜	焦自会	陈文学	李建国
陈芝和	张江峰	丁 健	付广浩	程少兴	魏书克	张明坤	苗文中	许欢欢
黄高鹏	梁培丽	杨莉平	邹秋艳	向 婷	李峰云	谢庆恩	史 乾	朱 超

● 2008 届

陈超峰	刘子谦	索鑫鑫	朱新华	张少锋	刘丰顺	杨江远	李东旭	于长亮
孙许克	王 猛	黄文峰	宋 凯	朱 江	孙国波	李予鑫	陶意民	郭虎平
靳盼盼	陈荣喜	毕少华	张义信	侯晓凯	吕明莉	张少强	孙玉娜	李志峰
马占南	常 琛	卢 静	宋佳阳	曹媛媛	李 琦	李 浦	吴志魏	邵 潇
宋春立	尚花臻	卫 威	刘盼盼	宋 光	王 慧	刘远达	曹小鸽	刘德盟
刘冬晓	夏志刚	董慧丽	赵洪运	王 欣	任青山	侯亚丽	刘清泉	王晓敏
王维新	李小琳	张云庚	马建华	原子健	张黎明	吕 星	余丽娜	吴岳丰
丁海芳	蒋海涛	郭佳荣	朱 川	夏有智	王 忠	许检会	李 宁	王思航

● 2009 届

李华生	鲍先辉	董晓辉	李 祥	王 辉	蔺 晨	李鹤翔	许登辉	王云锋
张 阳	张之刚	韦志强	王智超	李明勇	樊 阳	周 超	陈 林	黄 磊
万敬伟	孙 煜	张建东	张金帅	张凯胜	杨帅举	刘新伟	李 猛	石彦军
杨天兴	罗运科	曹传明	孙岩岩	赵 宁	司海刚	陈 宁	杨建华	刘红华
罗 垚	常全鸿	赵 鹏	郭晓冬	仝志杰	张电波	柳伟男	李 楠	田艳平
陈久云	朱春彦	李 琳	吴照攀	曹良惠	张卫媛	申 琳	刘楠楠	路俊华
刘 明	武丽丽	万瑞琴	杨 阳	张世华	关 欢	赵 婷	郭媛媛	张 蕊

张　宁　　孙晓燃

● 2010 届

杨　雯	牛瑞凯	陈关旭	张晓燕	秦海涛	陈全刚	赵天明	任钧瑞	陈　鑫
赵振富	商文亮	冯洪飞	赵振煜	孙东洋	冯　露	郑俊锋	孙瑞杰	冯卫广
周德让	田战永	高　亮	周淑娜	王　冰	高玉瑞	周　扬	王春之	郭　漫
朱龙宝	王德玉	郭振威	夏志广	王少杰	郝丽云	王晓璐	郝培陪	王元鑫
黄　月	位亭伟	贾莉芳	李广军	吴永丽	辛自立	李浩峰	徐　静	李欢欢
李立新	李　猛	李伟超	李彦磊	李雁波	李玉洁	李志兵	林凡超	刘顺利
刘　岩	刘　源	马骁刚	许来斌	杨可全	杨　晓	杨晓军	杨新芳	尹玉婷
于红艳	于小荷	宇冬勇	袁青青	张鹏飞	张　帅	张巍巍		

● 2011 届

陈娜娜	刘佳佳	武晓丹	姜艳艳	时　爽	马文真	李春柳	王振彬	靳阳明
闫书香	陈书奇	赵鹏飞	李树斌	胡长雨	尹鹏腾	黄　磊	邓学文	刘旭升
潘　雨	周　雪	姚丽娟	黄　娜	闫佳硕	韦志超	段汉卿	梁明明	杨　辉
胡前欢	杨乃刚	李　勇	李　卫	赵亚娟	张　钧	姚绘玲	丁　一	石清锋
李乾利	周永建	张亚茹	王金华	杨华彬	吴新军	边　武	李向阳	王　雯
胡永华	王玲玲	朱艺红	石娜娜	乔奥阳	张晓林	邹　雪	吴克品	王永香
杨春洁	黄英杰	乔明磊	王盼飞	白珂珂	朱有乾	臧　宁	刘凌云	史书才
张　佳	肖　冉	程军伟	韩鹏宇	袁文豪	刘晨晨	付秀娟		

● 2012 届

胡永华	付秀娟	唐晓可	曹贺峰	丁　奇	董　升	都文杰	樊志超	葛　翔
顾广钦	王志勇	杨倩倩	王重阳	赵娜娜	肖　银	赵玉杰	杨旭辰	朱宁宁
叶金元	郁永明	张　贝	张　博	张　超	张林庆	郭宁夏	张留旗	金沅震
张伟伟	李佳乐	张跃文	李亮亮	赵华侨	李鹏善	赵　龙	李志杰	赵　岩
刘金翔	周　恒	刘林芳	陈　颖	马鲲鹏	郭欢欢	马松涛	郭慧慧	牛晓龙
庞亚楠	彭绪光	屈志彬	苏言政	谭云龙	王金攀	王　坤	王　留	何红蕾
何　阳	李梦梦	刘乐飞	刘　云	马璐铭	田　彩	王郑娴	吴清清	杨晨晓

● 2013 届

师凯丽	马永亮	司宝红	张明月	李建忠	常晓阳	齐晶晶	刘帅刚	张艳艳
苗玉婷	吴淑毅	李镇江	李永田	王泽信	吕 豪	李梦宇	王仁文	陈向来
孙朋威	张艳蕾	王慧君	徐 硕	陈松楠	张 宇	姚 鹏	毛阳阳	张 璐
张垒涛	李德胜	王淑娜	王海霞	方伟东	张超群	韩广顺	杨彩华	王瑞阳
赵印盘	王 川	姚 佳	赵 雷	桂富强	王 帅	杨 曦	任显明	谢 涛
朱彦召	王 菲	牛东祥	淳 涛	王 卓	魏 培	谢立帅	闫 凯	徐衬衬
刘 磊	何 峰	马姝嫚	张安立	朱 鹏	刘 显	田金泉	李鹏飞	王心畅
李娜威	汪娅萍	赵生虎						

● 2014 届

徐健凯	杜婉莹	雍 华	董红光	陈理超	冯增威	熊 晴	兰翠翠	黄 锋
任燕秋	陈 鹏	文 玲	梁帅西	张圆圆	陈秋云	时蕊纳	张喜雯	刘 东
曹娅婉	王俊峰	王冰冰	刘 睛	董慧纺	伏亮亮	王跃民	孙亚菲	薛新萍
刘张宇	张 超	刘怀陆	杨迎迎	武晶晶	何苗嫚	王经纬	谢宗阳	张一恒
单思佳	张中华	李俊芳	龚 猛	李秋玥	陈宁利	耿焕娜	任明明	刘开广
韩 璐	张 颖	郭亚东	朱云亮					

● 2015 届

闫冰岩	李 凯	张 可	姚春霞	赵 涛	万双盈	林兴才	王 惠	朱三海
徐庆辉	牛帅斌	宋利黎	崔启程	邱佩珩	豆淑华	王 颖	高英英	田明辉
颜卿寒	李铁林	温凯乐	宋 玲	周明芳	袁 华	尚曼玉	王晓菲	王 珂
王亚纯	高圣博	张 潇	郭建葳	张雷明	周少征	位 相	罗国防	邢新房
郭梦晴	陈凡辉	李 朋	靳小燕	王邦乾	李 慧	黄国颂	赖丽芬	祁 鹏

● 2016 届

肖 括	李一博	安美琦	张晓倩	胡胜利	许 燕	高龙飞	井立威	崔 利
韩晓梅	龚 欢	林大扬	赵秋芳	潘文凤	陈云香	唐唯卿	李智超	顾 鹏
安桂芳	曹城圣	窦雅颖	刘 艺	刘俊亚	鲍 琳	梁 淼	王 铎	孙明丽
张鹏飞	张亚朋	孙矗丽	张 月	张 露	郭淑惠	曾阳光	李洋昌	刘香九
歌迎召	刘亚强	田钰峰	赵海南	焦探星	冯娜娜	朱 鹏	徐 鹏	杜 可

陈方琦	康陈霞	刘悠然	彭丹阳	吴振基	蒋玲岩	董碧寒	林 琳	钟 涛
倪德美	吴超楠	孟 伟	罗小康	王岁亚				

● 2017 届

王璐璐	芦 俊	田威威	朱志勇	成 鸿	褚路路	贾晨阳	樊 辰	刘 阳
程 昆	赵晗青	顾 朋	张纪婷	郑文东	朱宝宝	刘真真	邹 波	贾小飞
李 鹏	李亚菲	程大帅	范崇锋	李 潇	张同盟	刘 璐	马鸿晨	吕亚楠
谷世茂	梁重阳	姚亚真	师园园	葛小雪	郭韵怡	李双莹	魏莎莎	梁丹丹
安亚杰	闫春杰	张卫卫	姬梦圆	王庆伟	赵娇娇	冯小科	刘厚坤	郑晶晶
李传奇	李 丽	高镏飞	娄灿灿	周 涛	鲍 宇	任 艳	罗源勇	张 建
潘小芳	王永霞	刘 琳	苏焕鑫	刘佳慧	张 阳			

● 2018 届

景小雷	徐明珠	陈文浩	吴 琼	张栗垚	唐培娟	李嘉和	胡仕平	汪金珠
段美飞	申 钰	张艳芬	王璐瑶	虎恩艳	潘梦祎	高 源	孟巧璞	杜欢欢
张建文	林丹丹	姜天烁	郭雁龙	贾沛宇	王珍珠	张 皓	熊竞达	范维琪
侍昌星	张思忆	袁红梅	信攻理	王忠根	杨 琛	李东昊	祁东玉	刘云龙
朱亚辉	宋海瑞	刘雪山	张应凯	孙亚超	刘华云	王青海	赵 阳	杨 波
遵杏宇	楚永唤	张政委	孙若瑶	苏丹华	田青霞	任国力	张保丽	付 洋
徐正喜	孙亚超	张 勇	刘志鹏	彭贝贝	孙媛媛	龚 萍	黄贤玲	余宝龙
陈 鹏	庞卓异	胡玉莹						

● 2019 届

张亭亭	黄瑞静	苏亚军	张 格	秦超然	刘金杰	王舒宁	田潇楠	李亚琼
张昊阳	潘辰阳	王亚伦	王艳艳	杜 娜	陈 航	贾春洋	王子晴	刘湉湉
李园园	李慧杰	代景丽	苏一菡	赵 涛	王 晨	王 博	丁奎元	王 普
欧阳磊迷		梁顺利	刘李萌	赫依茹	王 慧	沈 晨	徐 瑞	张 芮
张文轲	李梦洁	刘金芳	丁恒川	孙文龙	王宇峰	王 博	马 洋	张锐悦
纪明星	杜 侠	陈良安	王子洁	宋英达	王晓云	吴姗姗	王 静	王智鹏
王莹莹	付萌萌	窦培增	谢克晗	朱 萍	黄亦铮	金云飞		

● 2020 届

张文豪　韩晓杰　孙建国　丁　磊　李仪楚　刘胜鑫　朱彬爽　郑力宁　欧阳琪
李珂珂　刘宇洋　刘丹林　吴新秀　李西敏　常征虎　徐　杰　张鼎荣　丁震宇
文瑞彬　赵元铭　马骏驰　周　俊　李　雅　向月玲　王青松　石金影　温星宇
徐梦琦　马文轩　刘显奎　王　鑫　廖长山　见苗苗　孙勇威　吴亚楠　李培霞
张克彬　程雪珂　毛景尧　歹钰鑫　许亚竹　刘翼飞　陈俊英　王凯雯　李潇博
王　芳　孙孟迪　康晓妍　张菲菲　张义博　赵　干　谷远鹏　刘世平　李　晨
林子琦　崔　怡　杨永琳　王晨雪　赵艳芳　杨景燕　胡富阳　史作盐　张　帅
李佳豪　孙亚丽　魏勇江　王凯平　刘　谨　王卫涛　李宝林　李彩梅　张靖雨
蔡冰洋　邱亚丽　徐　娜　贾梦宇　刘沙沙　王　慧　杨艳杰　韩梦微　李乾坤
高梓浩　王天祥　李增辉　苏彦妃　马盼盼　张豪森　韩书菲　董成威　张　旭
张　领　李　港　宋妍妍　陈钰柱　黄晓宇　周陈鹏　姚凯彬　王征存　王超正
杨钰雯　赵　欣　张　森　吴金灵　涂庆乐　张一霁　杨　硕　王渝杰　郑贵博
李超远　王财木　张慧如　马振东　张锦涛　田浩鹏　武晋帆　庞力仁　郑　港
李彪鹏

● 2021 届

彭晓峰　王小婷　赵思帆　姜艳磊　陶　薏　吴炜炜　杨庭耀　王晨航　刘雪莹
刘连松　孙智园　吴佳蒙　黄新光　宋宣京　金　燕　张珍珍　李　昭　韩占文
黄欠欠　刘展鹏　赵玉倩　秦世泽　郭　蕾　王艺伟　申晶晶　甄志璇　管恩雨
孙　松　范丫琦　闫利芬　吴秀霖　刘念青　王一帆　李　桐　于　苗　刘桂娴
曹雨晨　牛筱贺　徐庆国　丁　辉　郑艺炜　李云飞　李卓鹏　李一飞　王景粲
崔荣荣　张　磊　高燕雯　石稳鑫　杨　志　燕恩惠　韩争辉　秦运通　陈庚源
余　刚　赵博炎　刘　鹏　曹艳芳　刘振飞　崔　峰　索成翔　郭凯笛　杨若茜
郭志恒　李　栋　陈美丽　白怡航　范梦瑶　侯帅旭　胡　晓　李晓庆　蔡佳龙
湛炎霞　丁婉楠　王梦杰　张林登　王　浩　王文静　刘森炎　张一驰　陈家定
陈　希　伊静慧　陈佳毫　陈沛帆　梁　渺　王亦然　李洋洋　史从放　孙乐帅
唐　正　田玉苗　周润发　林淑怡　段　毅　王　帅　王子芹　宋　欢　胡澜夕
李天歌　吴晓新　谢晓慧　白云龙　王乾行　刘海洋　曹语芯　陈　龙　钮珍妮

陈建祥　董亚博　戚瑞瑾　焦珂珂　刘炳麟　尤敬菲　王沐瑶　谢　旭　张冉阳
刘珺文　裴锐博　韩璐璐　董铁栓　郝春霖　王佳松

五、专科生名录

● 1959 届

王青民　张玉如　张广录　杨润生　冯孚民　孙生文　江孝录　张铁普　王居镛
鲍耀三　范修道　韩志轩　张立三　张国英　樊家佑　尹法家　潘其灿　韩庆平
韩志敏

● 1960 届

谢珍珠　宋三钟　郑兆华　阎素珍　蒋兰英　刘瑞砚　张美荣　徐世英　张保太
张保民　张世举　张家旺　张学章　张北方　张春林　张重阳　张继忠　张庆麟
刘广田　刘鸿业　刘恒纪　刘有胜　王　明　王炳耀　李文春　高云祥　苗务和
赵永增　赵东方　赵连璧　董培荣　武朝选　阎英锋　杨九时　潘俊泽　倪天乐
梁育川　郭菊生　郭起峰　马同生　史福耀　蒋荫生　牛长适　乔传修　聂国喜
唐振东　任清山　陈忠兴　司友学　左福祥

● 2001 届

杨晓飞　张王力　金　海　黄建坡　郑传礼　李　涌　宗占强　渠卫华　赵小云
密志雯　曹学伟　石榜利　陈恺锋　王振东　谢红磊　董泽民　李建征　孙金刚
聂卫信　李聚江　董英英　吴金红　钱丽娟　葛桂贤　李　丽　徐　军　孙彩芹
李艳萍　朱广敏　李金艳　郑营军　牛树强　贺喜涛　李光辉　张洪涛　杨文学
马洋洋　郭卫强　胡伟超　朱延宏　陈建华　孙向勇　陈瑞勇　宋永生　李祥辉
李文兵　吴会安　刘永康　郑振华　孔德福　赵　芳　杜红霞　史艳辉　赵文平
周红艳　孙利红　潘富云　宋新艳　马素英　陈冬菊

● 2002 届

张丰莲　周来君　徐　锋　秦保州　李振顶　解德波　吴金英　宁彦超　杨洪琴
朱家伟　周永娣　李好胜　韩金勇　赵　瑞　孙冠桃　董锋志　任　敬　王红昌
王永强　蒋　昊　朱营辉　丁慧丽　王巧贞　石艳华　屈　峰　乔振聪　曲志敏

张 建	李 平	唐运涛	郭华良	张海杰	谷墩豹	黄鸿燕	唐艳琴	娄 辉
王永力	王肖肖	王宏星	张庆伟	郑志伟	陈 静	张向勇	李钢枪	刘红伟
胡西永	鹿嫦娥	李慧莉	李晓英	赵红霞	乔惠强	淇伟良	王建玲	焦 贝
王心刚	王慧丽	戎占胜	王秋峰	梁自刚	赵纪昌	杨青草	刘红艳	徐海刚
张永涛	王 玮	范雅丽	王敬霞	吴东波	刘建涛			

● 2003 届

王春峰	王豪杰	于建兵	李建星	张 涛	郭 政	段 娟	王立新	席新娜
刘晓燕	王利军	付 鹏	赵军中	耿智伟	庞志辉	顾卫彬	张旭华	韩巧玲
张 俊	芦 斌	卢卫军	张俊杰	赵恩仿	邓志昌	赵华立	高 峰	张 磊
霍 磊	黄金峰	张东林	王志永	郭静云	王建波	李旭阳	高焕红	刘红梅
张广超								

六、部分优秀校友简介

王新民

王新民(1942-),河南项城市人,中共党员,教授。1963 年 7 月开封师院(现河南大学)物理系毕业,留校任教。1979 年调入周口师专教书,其间曾任教务处长、副校长。1995 年调任商丘师专党委副书记、校长。学校升为本科后,任商丘师范学院党委副书记、院长。2005 年 12 月退休后,被郑州财经学院(民办)聘请任院长,2013 年离职。

1986 年和 1988 年两次被评为"河南省优秀教师",1994 年荣获教育部颁发的"曾宪梓教育基金三等奖"。主持教育部组织的世界银行资助项目等多项教学研究,主编和参编教材和教学参考书等 5 部,发表论文 20 余篇。1997 年获得河南省优秀教学成果一等奖。

河南省第九届、第十届人大代表。工作期间学术兼职:中国物理学会师专教学委员会副主任委员,全国近代物理研究会副理事长,河南省物理学会副理事长。

杜远东

杜远东,教授,1982 年 6 月毕业于河南大学物理系。1986 年 6 月,任周口师范学院物理系副主任;1999 年 5 月-2016 年 12 月,任周口师范学院物理与电信工程学院院长;1999-2019年任河南省物理学会常务理事。

2004年获得全国优秀教师,1998年获河南省文明教师。

路 立(1955-),研究员,中性原子成像仪国际合作研制团队PI,现为中国科学院国家空间科学中心退休返聘的空间科学教授。1978-1982年,于河南大学获得物理学学士学位;1982-1986年,于中国科学院云南天文台获得太阳物理学硕士学位;1998-2000年,于中国科技大学获得空间科学博士学位;2000-2002年,于中国科学院国家空间科学中心做空间物理博士后工作。

路 立

主要从事中性原子成像的探测与反演研究,独立创建了载荷层面的高时空分辨中性原子成像反演模型,并率先将全球粒子分布形态反演结果应用于地磁活动的时间演化过程研究。在国内外学术期刊上发表论文100余篇(其中SCI论文30篇),专利7项。2000年获首届香港求是基金会求是研究生奖学金,2001年获国家人事部一等博士后奖励基金,2005年荣立国防科工委探测卫星研制个人二等功,2005年获欧空局CLUSTER空间探测突出贡献奖,2010年获国际宇航科学院双星/CLUSTER杰出团队成就奖。

梁二军,1982年河南大学物理系毕业,1992年获德国维尔茨堡大学博士学位,现任郑州大学二级教授、博士生导师。河南省杰出人才创新基金获得者,河南省跨世纪学术与技术带头人,河南省高校创新人才。(曾)任中国物理学会光散射专业委员会副主任,河南省物理学会常务理事,河南省光学学会常务理事,郑州大学学术委员会委员、物理学院教授委员会主任、物理学院光电信息科学研究所所长,河南省激光与光电子技术重点实验室培育基地学术带头人,河南省仪器科学与技术一级重点学科学术带头人,郑州市科技创新团队学术带头人,《光散射学报》副主编等,是河南省优秀博士学位论文指导教师,多次被评为郑州大学"三育人"先进个人。

梁二军

长期从事表面增强光谱学、负热膨胀材料和激光加工技术等研究,先后主持国家高技术发展计划(军口"863")、国家自然科学基金、高等学校博士点博导类基金、河南省重大科技攻关等项目研究。目前,作为项目负责人承担河南省重大科技基础设施"超短超强激光平台"建设。是表面增强相干反斯托克斯拉曼散射实验技术的开拓者之一,发展了一系列具有自主知识产权的宽温区、高性能负热膨胀材料体系及制备方法,参与编写教材《现代物理基础教程》1部(主编:霍裕平院士)。在 JACS、PRL 等国内外学术期刊发表论文 300 余篇,获授权国家发明专利 20 余项。

刘燕京

刘燕京,博士,北京富斯德科技有限公司总经理。1982 年本科毕业于河南大学物理学专业,1989 硕士毕业于吉林大学,1996 年博士毕业于美国弗吉尼亚理工大学。在激光雷达、合成孔径雷达、数字航拍、城市建设数字高程模型等领域的研究取得了丰硕的成果。有超过 30 年国内外(包括美国 15 年)的学术研究和经营管理经验,在国际学术期刊和国际会议发表论文 100 余篇,荣获美国国家专利 11 项。

2005-2008 年,作为股东创建广西桂能信息工程有限公司,利用激光雷达、GPS 和影像提供三维立体模型、数字航拍、城市建设数字高程模型、数字城市、数字传输网、数字航空照相等。诸多成果先后被中央电视台、凤凰卫视、人民日报、光明日报、科技时报、中国测绘报等知名媒体报道。

肖振军

肖振军(1957-),河南省沈丘县人,中共党员,理学博士,南京师范大学博士生导师。1974 年在平顶山矿务局参加工作,1983 年本科毕业于河南大学物理系,1987 年硕士毕业于河南师范大学物理系,2001 年博士毕业于北京大学物理系。曾任河南师范大学物理与信息工程学院副院长。2001 年被聘请为南京师范大学理论物理特聘教授,先后任"江苏省理论物理重点学科""江苏省物理一级学科重点学科"学科带头人,"物理一级学科博士点"学科带头人,南京师范大学理论物理研究所所长,南京师范大学学位委员会和学术委员会委员,中国物理学会高能物理分会理事。为 Phys. Rev. D 等多家学术期刊审稿人或者编委、国家自然科学基金委员会评审专家、意大利国际理论物理中心客座研究员,多次赴美国、英国、意大利、埃及等地参加国际学术会议。

主要从事 B 介子物理理论研究和新物理探索研究工作。1987 年以来,主讲量子力学等多门本科和研究生课程,指导博士和硕士研究生 81 人(其中,1 人(次)获得国家百篇优博论文提名论文,3 人(次)次获得江苏省优硕和优博论文)。1995 年以来,主持和参加国家自然科学基金重点项目各 1 项,主持国家自然科学基金面上项目 6 项,参加 5 项。出版学术专著 2 部，发表 SCI 论文 182 篇（其中，在 *Phys. Rev. D* 发表论文 73 篇，被国际学术同行引用 3 000 多次）。还带领南师大粒子物理团队参加了 BESⅢ 国际合作组，发表 SCI 论文 377 篇（其中，在 *Nat. Phys.* 发表论文 2 篇，在 *Phys. Rev. Lett.* 发表论文 74 篇，被国际同行引用 11 000 多次）。曾获得全国普通高校"优秀教学成果奖"省级特等奖和国家级二等奖，获得省级科研一等奖。2001 年获得国务院政府特殊津贴，2013 年获得南京师范大学"奕熙精英教师奖"，2016 年被评为江苏省教育工作先进个人和江苏省优秀共产党员。

晁明举，1984 年毕业于河南大学物理系，获理学学士学位。1991 年毕业于电子科技大学应用物理研究所，获光学专业理学硕士学位；2003 年毕业于郑州大学物理工程学院，获凝聚态物理学专业理学博士学位。1984-2000 年，周口师院物理系任教，1997 年晋升副教授；2003 年 7 月至今，郑州大学物理学院任教。2004 年聘为硕士研究生导师，2005 年 11 月晋升教授，2006 年聘为博士研究生导师。中国光学学会高级会员，《中国激光》特约审稿人。2006 年度河南省教育厅学术技术带头人。

晁明举

先后从事激光与物质相互作用、激光加工技术及应用、功能陶瓷材料、光电材料等研究。目前主要研究方向为功能陶瓷材料、光电材料、负热膨胀材料研究等。获省自然科学论文一等奖 4 项、省教育系统科技成果二等奖 4 项。作为主要参加人或主持人承担过国家自然科学基金、河南省杰出人才创新基金、河南省科技攻关计划等多项项目。获国家发明专利授权 11 项，发表学术论文 100 余篇，其中 SCI/EI 收录 65 篇。

管保安（1963-），河南许昌人，1980 年 9 月考入河南大学物理系，现就职于武汉大学电气与自动化学院，任副教授、硕士研究生导师。

2000 年 1 月，创办武汉泰可电气股份有限公司，长期担任董事长兼总经理职务。公司已通过 ISO9001:2008 国际质量管理体系认证，获得国家级高新技术企业、湖北省科普示范企业、湖北省优秀软件企业、湖北省知识产权示范建设企业、湖北省科技创新明星企业湖

管保安

北省和武汉市守合同重信用企业、武汉市工人先锋号、瞪羚企业等 100 多项荣誉资质。公司参与制定的《电力设施高空警示球》国家行业标准，于 2021 年 2 月 1 日经国家能

源局发布实施。个人先后获得"湖北省科技创业企业家""武汉十大科技创新企业家"、洪山区全民创业"十佳创业人物"称号,入选武汉市第五批"黄鹤英才计划(专家)",2021年当选民革湖北省企业家联谊会副会长,获评2020年度"洪山好人",曾获国家"电力建设科学技术进步奖",是武汉市科学技术协会委员、洪山区政协委员、工商联洪山区常委。

长期从事电力行业高压输电线路在线监测、感应电源及通讯、无线能量传输、变电站微机防误闭锁、配网设备等电力装备和科普信息化关键技术研究。研发的无人机消缺装置(喷火无人机清理高压线杂物)处于国际领先地位,成果被全球20多家媒体相继报道。主持的"交互式融媒体应急科普系统"入选中国科协"第二批地方科协深化改革试点"项目,"自励型输电线路智能警示定障系统"和"地线取能装置/TLR-W"同时入选《2020年湖北省创新产品应用示范推荐目录》。拥有有效知识产权49个,其中发明专利7个、实用新型专利16个、外观专利3个、软件著作权13个。

领衔的"泰可创新工作室"长期与武汉大学、华中科技大学、湖北工业大学、湖北师范大学、三峡大学、国网河南省电力公司等院校和企业合作,开展产学研相结合的产业化体系的科技创新活动,高端研发,重点攻关,有前瞻性地加快新材料创新型高技能人才培养。公司产品在国家电网、南方电网等企业得到了广泛应用,所有产品拥有完全的自主知识产权。2021年,"泰可创新工作室"获评武汉市示范性职工(劳模、工匠)创新工作室。

原东生

原东生(1962-),开封市基础教育教研室中学物理教研员、中学正高级教师、河南大学物理教育专业教育硕士导师。1984年,毕业于河南大学物理系物理学专业,在开封市实验中学任高中物理教师;1999-2001年,在河南大学教科院学习研究生课程。2000年后,在开封市基础教育教研室主持全市的中学物理教研,进行教学研究、评价、指导、服务工作。

原东生在工作中务实勤勉,教书育人成果突出,先后获得开封市尖子教师、开封市专业技术拔尖人才、河南省学术技术带头人、全国优质课优秀辅导教师、全国优秀教研员等称号。其主持、参与的国家级、省级研究课题有多项获奖,并在实践中收到良好效果,在同行中享有较高声望。原东生在教师培训方面既有理论又有实践经验,深受老师喜爱,在她的培养下许多老师迅速成长为教学能手,多位老师获全国优质课一等奖。原东生被多家出版社聘为教材培训团专家,是河南省国培计划培训专家,教师远程培训在线答疑专家,经常送教下乡送培到县,为推进地区教育质量提高、引领教师专业发展、推动课堂教学改革等作出了贡献。

杨金民,教授,博士生导师,1985 年本科毕业于河南大学。国家自然科学基金杰出青年科学基金获得者,入选国家级百千万人才工程,享受国务院政府特殊津贴,现为中国科学院理论物理研究所二级研究员(中国科学院特聘研究员)、中国科学院大学岗位教授和日本东北大学兼职教授。

杨金民

一直从事高能物理的理论研究,与合作者在 top 夸克、Higgs 玻色子、超对称、暗物质、机器学习技术在粒子物理研究中的应用等研究方向,对超出标准模型的新物理进行了深入系统的研究,所取得的成果对新物理理论研究和实验探测具有重要的参考价值。发表研究论文 200 余篇,被引用 7 700 余次,曾获王淦昌物理奖、中国科学院优秀导师奖、朱李月华优秀教师奖和 BHP Billiton 优秀导师奖等。

吴孟铎(1963-),河南汝阳人,工学博士。1981 年 9 月-1985 年 7 月,在河南大学物理系学习,获理学学士学位;1983 年 12 月加入中国共产党,1985 年 7 月参加工作,现任河南省文化旅游投资集团党委书记、董事长。历任平顶山市委委员、汝州市委书记,商丘市委常委、永城市委书记,洛阳市委常委、政法委书记,洛阳市委常委、常务副市长,河南物资集团总经理、党委副书记、副董事长,河南省文化旅游投资集团筹建组组长等职。

吴孟铎

董玉山(1963-),河南鹤壁人,法学硕士,副研究员。1981 年 9 月-2000 年 9 月,在河南大学读本科、研究生、留校工作,获得理学学士、法学硕士学位;1985 年 7 月参加工作,先后在院系、机关从事思政教育、党政管理、马列教学等工作,1986 年 3 月加入中国共产党。2000 年 10 月,入职上海交通大学,先后在电子信息学院、校党委组织部、图书馆工作,2006 年 1 月-2016 年 10 月任机关党委副书记,2010 年 3 月起任校工会委员会常委,2016 年 10 月起任图书馆党委书记,现任上海交通大学马克思主义学院党委书记。

董玉山

曾获上海交通大学优秀思政教师、优秀共产党员、优秀工会干部、组织人事先进工作者等称号，主持的党建课题曾获上海交通大学特等奖、上海市教卫党委一等奖。

王长顺

王长顺(1965-)，河南省武陟县人。1985年6月，本科毕业于河南大学物理系并留校任教；1990年6月和1999年6月，在吉林大学获得硕士和博士学位；1999年11月，晋升为教授。在河南大学工作期间，1999年荣获河南省自然科学优秀论文一等奖、获得河南省杰出青年基金，2000年牵头申请并获批光学工程硕士学位授权点，2003年参与申报并获批凝聚态物理博士点。2001年5月-2003年3月，在日本国立共同研究机构分子科学研究所做访问学者，任文部省外国人研究员。2003年4月起，任上海交通大学物理与天文学院、区域光纤通信网与新型光通信系统国家重点实验室教授、博士生导师，2021年9月晋升为二级教授。

主要从事光信息存储、非线性光学、光场调控物理、光与物质相互作用等方面的教学和科研。先后主持多项国家自然科学基金面上项目和重大研究计划培育项目的研究，分别编写了 Lecture Notes in Nanoscale Science and Technology 和 Holography, Research and Technologies 书中的一个章节。在 Nano Lett.、Appl. Phys. Lett.、Optics Lett. 等刊发表学术论文100余篇，获得多项国家发明专利授权。

王治国

王治国(1965-)，中共党员、民建会员，同济大学物理科学与工程学院教授、博士生导师。1985年7月，毕业于河南大学物理系物理学专业，获理学学士学位；1990年，毕业于河南师范大学物理系理论物理学专业，获理学硕士学位；1998年，毕业于上海交通大学理论物理学专业，获理学博士学位。2004年3-9月，美国加州大学圣地亚哥分校访问学者；2006年10月-2017年9月，韩国延世大学访问学者；2007年12月-2012年9月，香港中文大学物理系合作教授。

长期从事电磁超材料、声学超材料和低维量子场论领域的科学研究，擅长用变分原理解决强关联电子系统中的量子相变问题和用格林函数方法处理线性材料构成的复杂结构中的物理性质。在声学超材料研究中提出的一种具有负有效质量和复弹性模量的实际结构，为实现声学逆多普勒效应和声学隐身提供了一种有借鉴意义的新思路，得到了国际同仁的广泛引用，Physics World 认为该研究是声学材料研究的里程碑工作。

一直坚持在教学第一线，几十年来，主讲物理学专业本科的理论力学、电动力学、统计物理和量子力学,以及研究生的高等量子力学、高等电动力学、量子场论和规范场论等课程。主讲的本科量子力学课程被评为上海市精品课程。同时,还坚持做好社会服务工作,任上海市物理学会科普委员会主任、上海市大学生物理竞赛委员会副主任。多年来为社会各层面受众进行科学普及工作,2014 年获得上海市科普教育创新奖三等奖,2015 年获得上海市科技进步奖三等奖。从 2008 年至今,协助世界科学出版社做 International Journal of Modern Physics C 的编辑工作,平均每年处理稿件 150 余篇。

闫新全(1965-),1985 年 6 月毕业于河南大学,教育硕士,全国首届 ED.M 优秀学员,特级教师。立足课堂教学,进行教育研究,从事学校管理,历任教导主任、副校长、副书记、校长,现任朝阳区教师发展学院副院长。

曾获得河南省优秀教师、骨干教师、首届中小学幼儿园教师教育专家、新乡市首届名师等荣誉称号,2013 年入选教育部"国培计划"第三批专家库成员。2007 年起,陆续被聘为河南师范大学、西南大学、北京工业大学教育硕士研究生校外兼职导师。2000 年,主持承担教育部"跨世纪园丁工程""特级教师计划"专设课题研究,历时三年圆满结题,获河南省优秀科研成果一等奖。2021 年申报的"朝阳区预防与干预并重的学生心理健康教育服务体系构建研究"成果获朝阳区年度教育成果奖。

闫新全

在 37 年的教学及管理实践中,专注中学物理教学研究,形成物理文化教育风格;致力教师专业发展研究,探索优秀教师练就之路;关注教师素养提升,构建"一个中心、三个维度"的发展核心素养模型;坚持政治站位,牢记宗旨使命,工作中做到立德树人、教书育人、为人师表;主持参与课题研究,撰写教育教学及管理随笔,发表教育教学及管理文章 40 余篇,出版《教育实践与思考》《守望教育的幸福》等著作。

刘宏葆,现任四川省供销社党组书记、理事会主任。1986 年,河南大学物理系物理学专业本科毕业。先后担任华南理工大学教师,广州市白云区科技局局长,佛山市高新技术产业区党委书记、管委会主任,佛山市发展改革局局长、党组书记,佛山市政府党组成员、市长助理(副厅级),四川省德阳市委常委、常务副市长,四川省成都市委常委、副市长,四川省林业厅厅长、党组书记,四川省林业和草原局局长、党组书记,四川省自然资源厅副厅长、党组副书记(兼),大熊猫国家公园四川省管

刘宏葆

理局局长(兼)。

刘先省

刘先省(1964-),汉族,河南潢川人,中共党员,博士,教授,博士生导师。现任黄淮学院党委书记。1982-1986年,在河南大学物理学专业学习,获学士学位;1989-1992年,在武汉理工大学系统工程专业学习,获硕士学位;1997-2000年,在西北工业大学控制理论与控制工程专业学习,获博士学位;2001-2003年,在北京理工大学信息与通信工程博士后流动站做研究工作。2002年晋升为教授,2005年获河南大学特聘教授任职资格。历任河南大学计算机与信息工程学院院长,河南大学人事处处长,河南大学党委常委、副校长,黄淮学院院长、党委副书记,黄淮学院党委书记。获评河南省优秀专家、河南省学术技术带头人、河南省高校创新人才培养工程的培养对象、河南省优秀教师,受聘河南省自动化学会副理事长、国家自然科学基金通讯与会议评审专家。

发表论文40余篇,其中SCI、EI收录30余篇。主持国家自然科学基金项目2项、河南省高校科技创新团队支持计划1项、河南省高校杰出科研人才创新工程项目1项、省部级项目5项。主持获得河南省科学技术进步二等奖1项。

岳崇兴

岳崇兴,中共党员,理学博士,国家二级教授,国务院政府津贴获得者,博士生导师。现为辽宁师范大学副校长,物理学科一级学科博士点、国家级一流本科专业建设点物理学专业负责人,省重点学科带头人,辽宁省高校创新团队负责人、省首批特聘教授,中国高能物理学会常务理事,辽宁省物理学会副理事长。曾获教育部新世纪优秀人才、省"优秀科技工作者"、省"百千万人才工程"百人层次等称号。曾多次出国访问、进行合作研究。

主要从事粒子物理理论、新物理理论唯象研究等领域的研究工作。近年来,主持完成国家自然科学基金11项、省部级项目多项,以主持人身份获教育部自然科学二等奖1项、辽宁省政府自然科学奖3项,在国内外著名学术刊物上发表论文120余篇,培养博士、硕士研究生70余名。受聘为 *Phys. Rev. D*、*Phys. Lett. B*、*Chin. Phys. Lett.* 等学术期刊的评审专家。

李晓龙,中共党员,博士。1986年,本科毕业于河南大学物理学专业。现任同济大学浙江学院教授、科技处处长,曾任同济大学铁道与城市轨道交通研究院党委副书记。

曾参与国家 863 重大专项的管理工作以及国家重大工程项目的管理和对外谈判工作。先后主持和主研国家级、省部级科研项目 30 余项。在国内外学术期刊发表多篇学术论文,其中 SCI、EI 检索 10 余篇。独著专著 1 部,参编 4 部。参编国家标准 4 部,申请国家专利 20 项。获得上海市科技进步二等、三等奖各 1 次。

李晓龙

赵志国(1965-),博士,教授。现任洛阳师范学院人事处处长。1986 年 7 月,毕业于河南大学物理系物理学专业,被分配到洛阳师专(现洛阳师范学院)工作。2004 年 9 月-2007 年 6 月,在四川大学攻读光学专业博士学位;2008 年 10 月,获评教授职称;2008 年 6 月-2013 年 5 月,任洛阳师范学院物理与电子信息学院副院长;2013 年 6 月-2014 年 12 月,任洛阳师范学院教务处副处长;2015 年 1 月-2018 年 10 月,任洛阳师范学院物理与电子信息学院院长;2018 年 11 月至今,任洛阳师范学院人事处处长。

赵志国

工作期间曾主持、参与省部级以上科研项目 12 项,主持省级及以上教学质量工程项目 8 项,分别获批省级科研、教学成果奖各 1 项,在国内外重要期刊上发表被 SCI、EI 收录的学术论文近 30 篇。2008 年被评为教育厅学术技术带头人,2017 年被评为河南省教育厅优秀管理人才。

张绍武(1964-),工学博士,西北工业大学自动化学院教授,博士生导师。1996 年河南大学物理系毕业,2004 年获西北工业大学控制理论与控制工程专业工学博士学位。2008 年 7-8 月,香港理工大学客座研究员;2008 年 10 月-2009 年 10 月,美国南加州大学访问学者。

张绍武

主持和参与国家自然基金、国家自然基金重点项目和省部级项目 10 余项。作为主持人获省部级奖 1 项、专利 1 项,申请软件著作权 1 项、国家发明专利 1 项。在 *Bioinformatics*、*Amino Acids* 等刊发表学术论文 60 余篇,被 SCI、EI、ISTP 收录和引用 40 余篇/次。现为 IEEE 会员、中国空间科学学会会员、中国生物物理学会会员。

马 军,1987 年河南大学物理系本科毕业。1991 年获英国全额奖学金赴英国 Belfast 大学留学,先后获电子电机工程系硕士和博士学位。2000 年从美国回国,正值

马 军

清华大学一流大学建设提出开拓国际科研合作的目标,学校组建国际科技合作办公室,任首任主任。2004年和清华大学与企业合作委员会海外部合并,成立海外项目部任主任,负责清华大学和国际大学以及跨国公司的科研合作。2021年调任清华大学无锡应用研究院副院长。

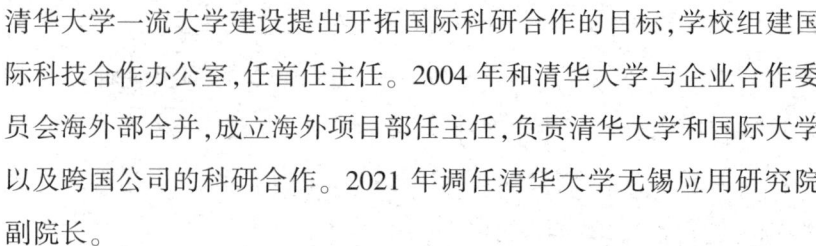

刘术林

刘术林,中国党员,博士生导师。1987年,本科毕业于河南大学物理系;1990年,硕士毕业于华东理工大学。中国科学院高能物理研究所正研级高级工程师(2级),中国科学院大学岗位教授,河南大学两院合作研究生导师,《应用光学》编委,中国仪器仪表学会分析仪器分会理事,关键零部件专业委员会副主任委员。

1990年后,先后工作于中国兵器工业第205研究所、北方夜视技术股份有限公司和中国科学院高能物理研究所,主要从事微通道板和粒子物理探测器的研究开发工作。完成各类科研项目近50项,总经费达44 000万元,其中以项目负责人的身份组织国内相关单位研制的20吋微通道板光电倍增管,达到国际先进水平,弥补了国内空白,并给合作企业带来3亿的产值。先后发表论文50篇,申请专利20项,获得了中国兵器工业集团公司科技进步一等奖1项、中国兵器工业集团公司工艺与技能创新大赛三等奖1项、中国光学工程学会科技进步一等奖和产研协会产品创新一等奖。

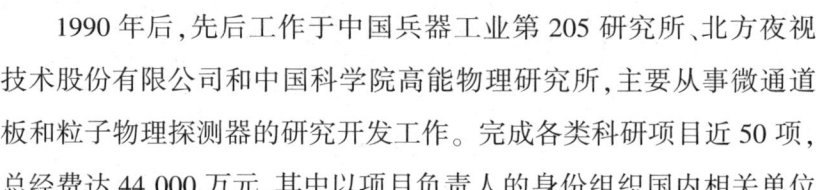

王 辉

王 辉,上海交通大学物理与天文学院教授(复旦理学博士,MIT博士后),博士生导师。1987年,本科毕业于河南大学物理系。其科研工作主要集中在微电子(用于数据存储或者神经网络计算的大窗口、低损耗忆阻器)、金属-半导体结构中的光电效应(高灵敏光电探测器)等交叉领域。主讲本科生的高等光学课程,研究生的纳米光子学及非线性光学课程。

在 *IEEE Electr. Device L.*(8)、*IEEE Photon. Tech. L.*、*Adv. Mater.* 等专业期刊发表论文近百篇(全部为通讯作者,含多篇封面文章和邀请综述)。作为项目负责人主持6项国家自然科学基金项目及若干项上海市科技发展基金项目。

魏增林,中共党员,中小学正高级教师,享受开封市政府津贴。1987年6月毕业于河南大学物理系,同年8月参加工作。长期从事基础教育教学和教育管理工作,先后担任中学物理教师、学校副校长、党支部书记、校长等职务,现任开封市基础教育教研室党支部书记。工作过程中,主持多项省、市级教育教学改革科研课题。其中主持的省重点课题"'互联网+基础教育'在初中教学中的应用研究"被评为河南省教育教学研究优秀成果一等奖。在不同学术期刊发表论文9篇,参与编写著作2部,独立编写校本教材1部。先后被评为河南省教育厅学术技术带头人、河南省教育厅优秀教育管理人才、河南省中小学名校长、河南省优秀辅导教师、开封市优秀教育工作者、开封市教育科研先进工作者、开封市五一劳动奖章获得者等几十项荣誉称号。

魏增林

苏玉玲,博士,教授。1984年9月—1991年6月,在河南大学物理系学习,获学士、硕士学位。1991年6月到郑州轻工业大学任教,先后任技术物理系主任、物理与电子工程学院院长,现任图书馆馆长。"河南省实验教学示范中心"负责人,河南省重点学科"凝聚态物理"学科带头人,河南省重点实验室"磁电信息功能材料"主任,河南省教学标兵,河南省教育厅学术技术带头人,河南省物理学会常务理事。

苏玉玲

主要从事强关联体系、磁电信息功能材料等理论与实验研究,主持或参加国家自然基金、河南省自然科学基金及科技攻关项目多项,获河南省科技进步二等奖、河南省科技进步三等奖、河南省自然科学三等奖、省教育厅科技成果一等奖等10项,出版著作6部、国家发明专利10余项,发表学术论文50余篇。

吴一亮

吴一亮,河南大学物理系1989届毕业生。管理学博士,曾长期在国家发展改革委工作,历任处长,副司长,是国民经济多领域协调动员、融合可持续发展理论与实践的开拓者之一。现任审计署工信建设审计局副局长。

陈向炜(1967—),汉族,河南省汝南县人,中共党员,博士研究生学历,二级教授,硕士生导师。1989年毕业于河南大学,获学士学位;1992年毕业于成都科技大学(现四川大学),获硕士学位;2000年毕业于北京理工大学,获博士学位。1992年起在商丘师范学院工作至今,历任物理

陈向炜

系副主任,教务处副处长、处长,副校长,校长等职务。中国交叉科学研究学会常务理事,河南省物理学会常务理事。

2000年,被评为河南省跨世纪学术和技术带头人培养对象;2001年,被评为河南省优秀中青年骨干教师培养对象;2006年,被评为商丘市专业技术拔尖人才;2007年,被评为全国模范教师;2008年,被评为河南省优秀专家;2010年,被授予河南省五一劳动奖章;2019年,被评为河南省教育厅优秀教育管理人才;2020年,被认定为河南省高层次人才。

所著博士学位论文被评为2001年度北京理工大学优秀博士学位论文,并获国家优秀博士学位论文提名奖。2008年,获河南省科技进步三等奖一项;2007年,主讲的力学课程被评为河南省精品课程;2008年,作为学科带头人的理论物理学科被评为河南省重点学科;2020年,获河南省高等教育教学成果奖一等奖和河南省教育厅科技成果奖一等奖各1项。主持完成国家自然科学基金项目3项,出版学术著作3部。在 *Phys. Lett. A*、*Nonlinear Dyn.* 等刊发表论文70余篇,被SCI收录40余篇。

张军果

张军果,1989年7月毕业于河南大学物理系物理学专业,获理学学士学位;后陆续获得华东工学院工学硕士学位、中央财经大学经济学博士学位、中央党校政治学博士后证书。现为军队某大学发展研究中心主任、教授、博士生导师,党的十九届五中全会全军宣讲团成员。曾获全军院校育才奖、军队优秀专业技术人才一类岗位津贴,获全军政治理论优秀研究成果奖多项。

申智灵(1966-),中共党员,创元网络技术股份有限公司董事长。1989年7月获河南大学物理系学士学位,1992年7月获郑州大学物理学硕士学位,2019年7月获清华经管学院2017级EMBA硕士学位。中国电子商会常务理事,河南省电子商会副会长,河南省软件服务业协会副理事长,河南省软件服务业协会信息技术服务标准化专委会副会长,全国优秀创新创业导师万名首批入库导师。先后获得全国电子信息行业优秀企业家、全国电子信息行业最具成长价值企业家、全国电子信息行业优秀企业家、河南省电子学会颁发的河南省电子信息行业科技创新先进工作者、年度学会工作先进工作者,河南省软件服务业优秀企业家,郑州市信息化创新人

申智灵

物,最佳学习型企业家,河南省软件服务业杰出企业家,2021年科技园区优秀共产党员荣誉称号。

申智灵及其团队专注于数据中心、智慧城市、工业互联网建设、数据安全服务、软件研发、IT运维服务等业务,致力于为行业客户提供优质高效的技术支持。公司拥有软件著作权及发明专利118项,取得科技专利成果30余项,参与编制了河南省地方标准《信息系统运行维护服务成本度量规范》并已成功发布;是河南省科技小巨人培育企业、双软企业、高新技术企业、郑州市创新型试点企业、郑州市市级企业技术中心、郑州市网络空间数据安全工程技术研究中心,拥有信息技术服务运行维护标准符合性二级(ITSS)、涉密信息系统集成乙级等多项资质;先后获得由中国电子商会、河南省工信厅、河南科技园区管委会颁发的"全国电子信息行业优秀企业""河南IT行业十强企业""河南省优秀软件企业""河南电子信息服务行业优秀企业""河南省IT行业科技创新企业"等荣誉称号。

冉广照(1968-),开封尉氏县人,现任北京大学物理学院教授。1991年毕业于河南大学物理系,其后在尉氏三中任课2年。1996年,在郑州大学物理工程学院获理学硕士学位;2001年,在北京大学物理学院获理学博士学位,毕业后留校从事教学和科学研究工作。讲授固体物理学、半导体光子学和实验物理等课程。

冉广照

科研方向为新型半导体材料、器件和物理,比如硅光子学、有机半导体、钙钛矿类半导体的光探测和激光。与秦国刚院士等合作研制出国际上最高效率的硅阳极有机发光器件;与中国科学院半导体所合作采用选区金属键合技术研制出用于光集成芯片的硅/Ⅲ-Ⅴ半导体混合激光阵列。发表论文约100篇,含特邀评述论文;获授权国家发明专利约10项,美国专利1项,转让专利1项。纳米硅-氧化硅体系的发光及物理机制项目曾经获奖北京市科学技术一等奖(2005,排名三)、国家自然科学二等奖(2007,排名二)。

吴长立(1968-),男,汉族,南阳市宛城区人,中共党员,中小学正高级教师,南阳市基础教育教学研究室副主任,南阳市拔尖人才,河南省学术技术带头人。1991年6月,河南大学物理系毕业;1992年1月,分配到南阳县一中(现南阳市五中)任教。1993年获南阳地区优质课比赛一等奖,1995年获河南省优质课比赛一等奖,1995、

吴长立

1998年南阳市五中高考物理学科平均分、各学科总成绩名列南阳市第一。1995年,任南阳市五中教务处副主任、教科室主任、年级主任;2000年,任南阳市基础教育教学研究室高中物理教研员;2020年6月-2021年6月,在唐河县一中挂职任副校长一年,协助唐河一中实现了教学质量大腾飞。

主持的课题"高中物理教学方法的简化研究"获河南省优秀成果一等奖、河南省基础教育成果一等奖,"简化高中物理教学法"得到广泛推广,效果突出。运用认知心理学原理,结合教学实践总结出"双目标(目标学生、目标内容)教学法",得到高、初中学校高度认可,成效显著。在《中学物理教学参考》等期刊发表论文21篇;所著《高中课程学习指导——物理》共5册,由河南大学出版社出版;《高中新课程学习指导——物理》共5册,由新世界出版社出版;《名师导悟——物理》共4册,由河南大学出版社出版;《高中物理实验报告册》共2册,由海燕出版社出版。

于 伟

于 伟(1969-),汉族,河南鹿邑人,中共党员,教授级高级工程师。1988年9月-1992年7月,就读于河南大学物理系物理学专业。1992年7月参加工作,先后担任河南省地质矿产厅物探队副队长、河南山水房地产有限公司董事长兼总经理、河南省地矿局地矿一院院长、河南省地矿局人事劳动处处长等职务。现任河南省地矿局党组成员、副局长。

参加工作后,秉承母校"明德新民,止于至善"的校训,以物理方法,从事地球深部勘探工作,服务于地质勘查事业,长期工作在野外生产一线,成为一名地质队员。曾获国土资源部科学技术一等奖1项、河南省科学技术进步二等奖2项,出版有《小秦岭幔枝构造与深部成矿》(科学出版社)、《华熊台隆中段金银多金属矿成矿规律研究与中深部成矿预测》(地质出版社)。曾带领河南省地矿局地矿一院获得"全国五一劳动奖状""全国工人先锋号"等荣誉称号。

闫培新

闫培新(1968-),河南兰考人,汉族,中共党员,正高级教师,特级教师。1992年,毕业于河南大学物理系,入学西南大学教育管理研究生。2010年6月起担任河南省首批示范性高中—郑州市第四中学校长,主持学校全面工作。2017年11月至今,担任郑州市第四高级中学党委书记、校长,兼任郑州市第四初级中学校长和郑州市二七区实验中学校长。郑州市人大代表,全国民族教育专家,教育部中小学名校长领航工程名校长领航班工作室主持人,省名校长,省政府督学,省首批基础教育专家,河南省优秀教育管理人才,省五一劳动奖章获得者。

2021年主持的课题"基于主题教学活动促进学校育人质量提升的实践与探索"获省教育厅教育成果一等奖;2016年主持的课题"观察促进教师专业成长的研究与实践"获省教育厅一等奖;2016年主持的课题"中学毕业生升学考试压力缓解方法研究"获省教育厅二等奖;2016年主持的课题"新课程下中学生作业建设策略研究"获河南省优秀奖。2020年,优秀论文《促进学生的高水平可持续发展路径探索》收录于《创新人才教育》。2018年,专业论文《"伏安法"测电阻的电路设计实验拓展》《力做功与能量转化关系问题分析》发表于《中学生物理》。

作为学校党委书记,闫培新带领学校在2021年建党百年之际成为省教育系统唯一荣获"全国先进基层党组织"称号的学校,学校还先后荣获全国五一劳动奖章、全国民族教育先进集体、全国文明校园先进学校、全国中小学中华优秀传统文化传承学校、首批全国急救教育试点学校、全国依法治校先进集体、河南省防汛抗灾志愿服务优秀组织等荣誉称号。

杨建军,河南林州人,1989年被保送至河南大学物理系学习,1993年本科毕业并考取中国科学院西安光学精密机械研究所光学专业研究生,1999年获理学博士学位。随后相继赴德国、瑞典和美国等国家进行博士后和访问学者的研究工作。现为中国科学院长春光学精密机械与物理研究所研究员、博士生导师。

杨建军

研究方向主要围绕超快激光与物质相互作用领域,包括超快激光技术、超快现象诊断、超快激光微加工、烧蚀推进、非线性光学等。近年来,主要在利用超快激光对金属和半导体等材料进行高强度烧蚀、微纳结构制造与表面改性,系统掌握了超快激光高效高质微纳制造的关键技术,成功实现了对材料表面光学、热学、生物兼容、超疏/亲水性能的调控与改善,并在微纳结构器件的设计与制作、材料表面高效海洋防腐等方面取得了诸多突破。在 *Light*: *Sci. Appl.*、*Phys. Rev. Lett.* 等刊发表论文100余篇,其中多篇被遴选为期刊封面文章;国际会议邀请报告30余次;申请和授权国内发明专利10余项。研究成果相继被《科技日报》、*China Daily*、世界科技研究新闻资讯网、美国科学促进会(AAAS)等国际重要媒体转载和报道,荣获省、部级科技进步奖4项、技术发明奖1项。先后获得中国科学院首届刘永龄奖、教育部新世纪优秀人才、吉林省高层次创新创业人才、科学中国人(2016)年度人物、中国科学院王宽诚率先人才计划等。负责和参与了国家和省部级重要科研项目20余项,其中包括(科技部)国家重点研发计划、国家自然科学基金面上和重点研发计划、中国科学院A类战略性先导科技专项及吉林省科技厅国际合作项目等。

担任的行政和学术职务包括吉林省"超快激光科学与应用国际科技合作重点实验室"主任、南开大学光学工程学位评委员会委员(兼秘书)、中国科学院长春光机所学位委员会委员、吉林省光学学会理事会理事、吉林省增材制造学会理事会常务理事。

马国宏

马国宏,博士,教授,博士生导师。1993年毕业于河南大学物理系,2001年获复旦大学光学专业博士学位,2001-2005年任新加坡国立大学研究员(Research Fellow),2005年回上海大学工作。首批上海市"东方学者"特聘教授,上海市"浦江学者",中国民主促进会上海大学委员会副主委,美国光学学会会员,新加坡材料研究会会员,美国激光与光电子会议(CLEO)基础科学部委员会评审委员,中国光学工程学会太赫兹科学与技术专家委员会委员。

主要从事超快光子学、太赫兹光子学、太赫兹自旋电子学,光与物质相互作用的超快过程,电子自旋的光学相干操纵等研究。在 Science、Phys. Rev. Lett.、Sci. Adv. 等刊发表学术论文近200篇,应邀在国内外学术会议做大会报告和主题报告50余次,主持国家自然科学基金面上项目4项,联合获批国家自然科学基金重点项目1项、国防科工委重大专项子课题1项。先后主持留学回国基金、博士点基金、上海市科技攀登计划、上海市教委重点项目,以及上海市"浦江人才"和"东方学者"等项目多项。培养博士研究生10名、硕士研究生30余名。多名研究生获得国家奖学金、宝钢奖学金、校长奖学金等,多名毕业生任职于上海交大、上海大学、上海理工和上海电力大学等高校,以及华为、中芯国际等世界500强企业,已成为所在单位的骨干。2015年获上海市优秀博士学位论文指导教师奖,2017年获上海大学研究生第五届"我心目中的好导师"称号。

武保剑

武保剑,电子科技大学教授、博士生导师。1993年6月河南大学本科毕业,1996年6月四川大学硕士毕业,1999年6月上海交通大学博士毕业,1999年7月入职大唐电信光通信公司,2003年5月加入电子科技大学,2010年到英国威尔士大学进行高级研究学术访问。入选新世纪优秀人才计划、四川省学术和技术带头人后备人选。

主要从事光纤通信领域的教学与科研工作。承担国家自然科学基金项目 5 项、国家 863 计划项目 2 项、国家重点研发计划项目 2 项、新世纪优秀人才支持计划项目 1 项;参与主研四川省应用基础研究项目、国家 863/973 项目等多项。出版教材或学术著作 4 部,发表学术论文 200 余篇,授权国家发明专利 40 项。获四川省科学技术二等奖(2007 年)、国防技术发明二等奖(2014 年)各 1 项。获四川省教学成果一等奖(2013 年)和国家教学成果二等奖各 1 项。

钱 磊

钱　磊(1974-),博士,研究员,博士生导师。2001 年河南大学物理系毕业,2005 年北京交通大学光电子技术研究所博士毕业。2005 年 9 月-2006 年 4 月,日本产业技术总合研究所(九州)特别研究员;2006 年 4 月-2010 年 7 月,美国佛罗里达大学材料科学与工程系博士后;2009 年 3 月-2016 年 8 月,美国 Nanophotonica 公司副总;2016 年 8 月至今,TCL 工业研究院副总工程师。2019 年 10 月加入中国科学院宁波材料技术与工程研究所先进纳米光电材料与器件团队,入选中国科学院"百人计划"A 类和国家 WR 领军人才,组建纳米光电材料与器件技术团队。SID 北京分会 EMD 主席,材料分会委会。

研究兴趣主要集中在基于纳米材料的光电器件,包括发光、显示以及光伏和探测技术。主持或参加中国及美国国家自然科学基金项目 10 余项,申报美国及中国专利 250 余项。发表学术论文 87 篇,其中一作及通讯作者文章 41 篇(包括 3 篇 *Nat. Photon.*、4 篇 *Nat. Commun.*),所发表的系列学术论文被引用超过 2 600 次。

苏 磊

苏　磊(1977-),河南省南阳市人,北京高压科学研究中心研究员,工学博士,博士生导师。2000 年 7 月,于河南大学物理系获学士学位,2007 年 12 月,于西南交通大学凝聚态物理学专业获博士学位;2009 年 3 月-2010 年 4 月和 2012 年 9 月-2013 年 4 月,于日本大阪市立大学做博士后研究。现为中国物理学会会员,中国物理学会高压物理学专业委员会委员、中国化学会会员、中国化学会高压化学专业委员会秘书长、《高压物理学报》编委。

主要从事静态和动态高压下材料新结构和新性质方面的研究工作。曾先后主持或参与国家重大科研仪器研制项目、国家自然科学基金面上项目等项目的研究工作。

在 Nano energy、PNAS 等刊发表论文 100 余篇,获部省级科研奖励 3 项;申请中国发明专利 12 项。

杜银霄

杜银霄,理学博士,教授,现任郑州航空工业管理学院科技处副处长。2003 年硕士毕业于河南大学光学专业,2007 年博士毕业于中国科学院物理研究所凝聚态物理学专业,2018 年曾到新加坡南洋理工大学做访问学者。

长期致力于新型低维光电材料的合成与表征、天然晶体的新特性研究。发表学术论文 80 余篇,其中被 SCI 二区以上收录 18 篇;授权国家发明专利 10 项;主编教材一部,参编专著 1 部;主持完成国家自然科学基金 3 项。先后获得了国家科技专家库在库专家、河南省学术技术带头人、河南省高层次人才拔尖人才、河南省教学标兵、河南省高校科技创新团队带头人、河南省高校科技创新人才、河南省高校青年骨干教师、河南省材料学省级重点学科学术带头人和航空材料与应用技术河南省重点实验室学术带头人等称号。

程培红

程培红,1980 年 1 月生,工学博士,教授,硕士生导师。2001 年河南大学物理系本科毕业,2004 年河南大学物理系光学专业获硕士学位,2009 年浙江大学硅材料国家重点实验室获博士学位。2014 年 12 月–2015 年 12 月美国休斯敦大学访问学者,2017 年入选宁波市领军和拔尖人才计划。现为宁波工程学院电子与信息工程学院院长、中国科学院宁波材料所客聘研究员,任 Optics Commun.、Optik 等专业期刊审稿人。

主要从事电子科学与技术领域的教学和科研工作。主持和参与国家重点基础研究发展计划(973 计划)项目、国家自然科学基金、浙江省自然科学基金等省部级以上科研项目多项。在 Nanoscale、Optics Exp.、J. Opt. Soc. Am. B 等刊发表及学术会议报告学术论文 40 余篇。主讲课程获得浙江省高校线上一流课程认定,荣获宁波市优秀课程思政教师、校王宽诚育才奖、王伟明育才奖、最美宁工人等多项荣誉。

路军岭

路军岭,教授,博士生导师。2002 年于河南大学物理系获得学士学位,2007 年于中国科学院物理研究所获博士学位。在攻读博士学位期间,曾赴德国 Fritz-Haber 研究所(2004 年)做合作交流 2 年。

博士毕业后，先后在美国西北大学和阿贡国家实验室从事博士后研究。2013 年 3 月至今，在中国科学技术大学任教。2020 年，获得国家杰出青年科学基金资助。

长期围绕原子层沉积技术，从事金属催化剂的精准设计与催化反应机理研究。迄今已在 Nature、Science、Nat. Catal. 等刊发表论文 100 余篇，SCI 总引用 8 000 多次，H-Index 46。研究成果入选教育部 2019 年度中国高等学校十大科技进展。曾荣获 2021 年度中国催化青年奖、2019 年度中国化学会-英国皇家化学会青年化学奖，以及 2019 和 2020 年度的"中国科学院优秀导师奖"、2019 年度中科大杰出研究校长奖等奖项。目前担任 Chem Catal. 期刊的顾问委员，Catalysts、Current Catalysis 期刊的编委。

蔡小五，中国科学院"百人计划"入选者、博士生导师、研究员。2002 毕业于河南大学物理系，2008 年博士毕业于中国科学院微电子研究所。先后担任香港应用科技研究院有限公司高级工程师(Senior Engineer)、主任工程师(Principal Engineer)，中国科学院微电子研究所硅器件中心研究员等高级职务。其中，在香港应用科技研究院工作 8 年 3 个月，主要从事智能功率集成电路、深亚微米，纳米级集成电路 ESD 保护、SOI 器件模型提取、模拟集成电路设计等工作。

蔡小五

2016 年入选中国科学院率先行动"XX 计划"，任硅器件与集成中心研究员。担任国家科技进步奖、博士后重点基金、自然基金委项目等项目评审专家。

研究方向为辐照加固智能功率(Smart Power)集成电路设计、深亚微米、纳米级集成电路 ESD 保护研究、高可靠集成电路设计。

孙树林，研究员，博士生导师。2002 年本科毕业于河南大学物理学专业。现任复旦大学信息学院光科学与工程系副主任，入选上海市浦江人才、复旦大学卓越"2025"人才计划。

长期从事超构材料、超构表面、纳米光子学、光子晶体等研究，首次提出利用超构表面实现传输波到表面波高效耦合等新机理，共同开启超构表面这一新领域。在 Nat. Mater.、Nano Lett. 等刊发表 70 余篇 SCI 论文，其中 10 篇入选 ESI 高被引论文，总引用 6 300 余次，

孙树林

单篇最高 1 400 余次，多篇入选杂志封面论文。成果曾被 Nat. Photon.、Adv. Optical Mater.、Phys. org 等媒体报道。荣获 2012 中国光学重要成果(排名第 1)、2016 上海市自然科学一等奖(排名第 2)、2019 国家自然科学二等奖(排名第 2)、2020 Rising Star of

Light(中国地区唯一入选者)、2020 爱思唯尔中国高被引学者、2021 钟扬式科研团队(排名第 1)等奖项荣誉。承担国家重点研发计划、国家自然科学基金等 10 余项基金项目,担任 Journal of Optics 编委、中国激光杂志社青年编委,曾担任国际会议程序委员会成员/会议主席 10 余次,在国际会议做邀请报告 50 余次。

凌宗成

凌宗成(1981-),教授,博士生导师。2003 年河南大学物理与信息光电子学院毕业,2003-2008 年在山东大学攻读博士(期间在美国华盛顿大学联合培养),2008-2011 年中国科学院国家天文台月球中心做博士后研究工作。现任山东大学空间科学与物理学院副院长、山东大学行星科学团队课题组长,为教育部 CJ 学者、国家"万人计划"青年拔尖人才、山东省杰青、侯德封矿物岩石地球化学青年科学家奖获得者。兼任国际地质拉曼科学咨询委员会(GRISAC)委员、中国矿物岩石地球化学学会陨石及天体化学专业委员会委员等职。

从事深空探测与行星科学领域研究,研究方向为行星遥感与光谱学、陨石学及天体化学、行星探测载荷技术等。承担国家自然科学基金重点及面上、科技部基础性工作专项课题、民用航天技术预先研究等项目 30 余项,在 Nat. Commun.、JGR-planet、Icarus 等刊发表论文 120 余篇,被引 1 600 余次,研究成果获评 2015 年度十大天文科技进展。

贺廷超

贺廷超,教授。2004 年和 2007 年,本科和硕士毕业于河南大学物理与电子学院;2010 年,博士毕业于上海交通大学物理与天文学院。2008 年 8 月-2009 年 8 月,到日本国立研究机构分子科学研究所访问交流;2010 年 7 月至 2014 年 2 月,受聘为新加坡南洋理工大学博士后研究员。2014 年 4 月至今,任职于深圳大学物理与光电工程学院。

主要从事新型半导体材料的超快光学、手性光学特性研究。在 Nat. Commun.、Adv. Mater.、ACS Nano 等 SCI 学术期刊发表论文 140 余篇,论文被 SCI 期刊引用 3 000 多次;主持完成国家、省市级项目 10 余项。曾获深圳市"孔雀计划"B 类、南山区"领航人才"B 类、深圳大学"荔园优青"等荣誉。担任 Frontiers in Chemistry (IF =

5.2,中国科学院大类二区)客座副主编,长期为 JACS、Adv. Mater.、ACS Nano 等刊审稿人。

张玲,教授。2004 年 7 月,毕业于河南大学物理学院,获理学学士学位;2007 年 7 月,毕业于河南大学物理学院,获光学硕士学位;2011 年 3 月,毕业于日本東北大学,获工学博士学位。先后在美国 Johns Hopkins 大学、日本東北大学金属材料研究所、日本東北大学原子分子材料科学高等研究机构做访问学者、博士后和助理教授。2013 年 11 月,入选上海理工大学东方学者特聘教授。

张玲

从事表面等离子体增强光谱及超快非线性光学相关研究工作,主要研究方向为拉曼-太赫兹光谱、单分子探测、纳米结构材料的设计和制备及其光学性能评定、基于表面等离激元共振效应的光学传感器的构建及其在生物和环境检测中的应用。研究成果发表在 Adv. Mater、J. Am. Chem. Soc.、Acs Nano 等刊,H 因子为 30。先后主持和参与多项研究项目,其中国家自然科学基金面上项目 2 项。

鲍先辉,2009 年毕业于河南大学物理学专业,获理学学士学位。曾就职于美国 AllSensors 中国子公司(任总经理助理兼大中华区 MEMS 传感器市场与销售负责人)、深圳电通纬创微电子股份有限公司(任事业部总经理(MEMS 传感器业务))。2019 年 9 月作为主要创始人创立合肥智感科技有限公司,现任董事长兼总经理。公司主营业务为 MEMS 传感芯片、器件及模组的设计、研发与制造。

鲍先辉

曾以第一发明人身份获得传感器领域内实用新型专利 11 项,外观专利 5 项,软件著作权 5 项。2020 年 1 月-2021 年 12 月,主持完成"中国声谷"人工智能领域的企业研发产品产业化项目"水下机器人的智能 MEMS 传感器研发"。2021 年 8 月,获得合肥市高层次人才(E 类)认定。

高玉瑞(1988-),女,博士,研究员,博士生导师。2010 年,毕业于河南大学物理系;2015 年,毕业于中国科学院物理研究所凝聚态物理学专业,获理学博士学位;2015-2020 年,先后在加州州立大学北岭分校和内布拉斯加大学林肯分校从事博士后研究工作;2021 年

高玉瑞

主要从事纳米系统理论和动力学过程的计算研究,侧重于纳米界面水、纳米材料中离子输运等特性及其诱导的新材料开发。在 *Proc. Natl. Acad. Sci.*、*J. Am. Chem. Soc.*、*Energy Environ. Sci.*、*Angew. Chem. Int. Ed.* 等刊发表论文 40 余篇,SCI 他引大于 1 600 次,H 因子 20。

第五章 科学研究

一、省部级及以上科技奖励

序号	证书编号	年度	课题	奖励级别	主要获奖人员
1	2021-Z-014	2021	高性能二次电池关键材料改性创新研究及其应用	河南省自然科学奖三等奖	白莹,闫冬,郁彩艳,张小萍,吴青
2	2021-Z-016	2021	无铅氧化物材料的光伏性能调控和介电、光电性能研究	河南省自然科学奖三等奖	郑海务,刁春丽,张新安,李天锋,刘越峰
3	2019-Z-006	2019	本征低热导热材料中的量子调控机制	河南省自然科学奖二等奖	王渊旭,闫玉丽,王超,彭成晓
4	2019-Z-008	2019	高质量量子点发光材料与高品质 QLED 的设计与构筑	河南省自然科学奖二等奖	申怀彬,李林松,杜祖亮,苔青丽,王洪哲,王书杰
5	2018-J-244	2018	宽带隙半导体 SiC 的制备、微结构和磁性的实验与理论研究	河南省科技进步奖三等奖	郑海务,张伟风,顾玉宗,李晓光,闫玉丽,刁春丽
6	2017-J-225	2017	铜锌锡硫硒太阳能电池材料的制备及其应用	河南省科技进步奖三等奖	武四新,周文辉,周正基,寇东星
7	2017-J-230	2017	无磷法可控构筑高质量纳米晶及其光学性能	河南省科技进步奖三等奖	李林松,申怀彬,王洪哲,徐巍巍,娄世云,牛金钟
8	2016-J-75	2016	高效能量转换氧化物纳米材料的关键技术及创新应用	河南省科技进步奖二等奖	张伟风,白莹,王继鹏,赵森,魏凌,刘迪龙,张彦芳,卿春波,杨觉明
9	2016-J-246	2016	d^0 和 d^{10} 电子组态光催化材料的无机复合改性和能带结构	河南省科技进步奖三等奖	李国强,张海涛,易志国,张杨,
10	2014-J-082	2014	纳米结构有序材料的制备、组装及性能	河南省科技进步奖二等奖	杜祖亮,程軻,蒋晓红,戴树玺,胡彬彬,程纲,刘兵
11	2013-J-083	2013	氧化物半导体纳米结构的光电特性	河南省科技进步奖二等奖	杜祖亮,程纲,程軻,王书杰,胡彬彬,蒋晓红,张兴堂

二、省部级及以上教学成果奖励

序号	证书编号	年度	课题	奖励级别	主要获奖人员
1	20142123	2014	新课程教学设计——"分课型"构建教学模式的研究与实践	国家教学成果奖二等奖	魏宏聚,杜明荣,田宝宏,孙海峰,孙国岩,马一平
2	豫教〔2016〕35209	2016	物理学师范专业课程设置的优化与改革研究	河南省教学成果奖二等奖	杜明荣,张琨,顾玉宗,原东生,刘平安,王国庆

三、国家自然科学基金项目

序号	批准号	负责人	课题	项目类别	直接费用(万元)	开始日期/结题日期
1	28770143	朱自强	LB膜光电性能研究	面上项目	3	1988-01-01/1990-12-31
2	29070166	朱自强	LB膜的均匀性和稳定性对其光电性能的影响	面上项目	3.5	1991-01-01/1993-12-31
3	69381006	杜祖亮	利用纳米技术制备同质异色发光材料研究	专项基金	8	1994-01-01/1996-12-31
4	29571010	杜祖亮	基于C60的复合有序组装体系的长程电荷转移	面上项目	13	1996-01-01/1998-12-31
5	19774022	莫育俊	锂离子电池电解质-电极界面原位表面增强拉曼光谱研究	面上项目	10	1998-01-01/2000-12-31
6	29971008	杜祖亮	生物无机复合有序功能体的构筑及性能研究	面上项目	20	2000-01-01/2002-12-31
7	60177003	王长顺	聚合物材料的光学存储特性及其应用性基础研究	面上项目	21	2002-01-01/2004-12-31
8	10274019	莫育俊	锂离子电池中电极表面钝化膜的形成与性质的研究	面上项目	33	2003-01-01/2005-12-31
9	20371015	杜祖亮	有序分子膜诱导生长特殊纳米结构材料研究	面上项目	26	2004-01-01/2006-12-31
10	90306010	杜祖亮	光诱导纳米探针扫描的建立及特殊结构纳米体系的表面界面光电特性研究	重大研究计划	33	2004-01-01/2006-12-31

续　国家自然科学基金项目

序号	批准号	负责人	课　题	项目类别	直接费用（万元）	开始日期/结题日期
11	10410201141	莫育俊	第十九届国际拉曼会议	国际(地区)合作与交流项目	1	2004-08-07/2004-09-14
12	60476001	张伟风	纳米管氧化钛的嵌锂特性及其在锂离子电池中的应用研究	面上项目	21	2005-01-01/2007-12-31
13	10674041	莫育俊	锂离子电池正负极材料界面膜的具体演化过程及机理研究	面上项目	23	2007-01-01/2008-12-31
14	10747126	康　缈	高密核物质退禁闭相变潜热研究	专项基金	2	2008-01-01/2008-12-1
15	10804027	赵高峰	含贵金属Au、Ag元素的合金团簇的光学性质的理论研究	青年科学基金	17	2009-01-01/2011-12-31
16	10874040	杜祖亮	光诱导半导体纳米结构的输运特性研究	面上项目	42	2009-01-01/2011-12-31
17	20803018	蒋晓红	有机光电材料微区结构和(光)电性质研究	青年科学基金	18	2009-01-01/2011-12-31
18	50802023	郑海务	SiC基稀磁半导体薄膜的制备、微结构和磁性研究	青年科学基金	20	2009-01-01/2011-12-31
19	10947141	李新营	贵金属-稀有气体掺杂团簇中弱相互作用的理论研究	专项基金	3	2010-01-01/2010-12-31
20	10947142	向　阳	信息因果关系———一条新的物理法则	专项基金	3	2010-01-01/2010-12-31
21	20903034	戴树玺	图案化无机复合纳米结构的仿生合成及其光电性质研究	青年科学基金	19	2010-01-01/2012-12-31
22	30900280	刘　波	低能电子对碱基对的损伤研究	青年科学基金	20	2010-01-01/2012-12-31
23	50902044	白　莹	锂离子电池表面修饰新方法的研究与应用	青年科学基金	20	2010-01-01/2012-12-31
24	60906056	程　纲	基于氧化物半导体纳米线肖特基势垒的新型光电子器件研究	青年科学基金	22	2010-01-01/2012-12-31
25	60976016	张伟风	钙钛矿氧化物薄膜的阻变机制及室温低场阻变式存储器研究	面上项目	35	2010-01-01/2012-12-31

续　国家自然科学基金项目

序号	批准号	负责人	课　　题	项目类别	直接费用（万元）	开始日期/结题日期
26	11004048	刘军辉	几种芴衍生物的合成与三光子吸收特性研究	青年科学基金	20	2011-01-01/2013-12-31
27	11005031	向　阳	从信息论角度研究量子关联和Bell不等式的违反	青年科学基金	18	2011-01-01/2013-12-31
28	11011140321	赵高峰	镧系金属掺杂半导体团簇结构和磁性特征的理论研究	国际（地区）合作与交流项目	1.5	2010-07-01/2010-12-31
29	11047174	任喜军	借助信息因果律和非局域性提纯研究量子非局域关联边界	专项基金	4	2011-01-01/2011-12-31
30	21071041	李林松	无膦法制备无机半导体纳米晶及其TYPE-Ⅱ型复合结构的设计应用研究	面上项目	30	2011-01-01/2013-12-31
31	21071045	王渊旭	过渡金属氮化物、硼化物及碳化物硬度关联因素研究	面上项目	33	2011-01-01/2013-12-31
32	11103002	康　缈	中子星热演化的退禁闭模型研究	青年科学基金	26	2012-01-01/2014-12-31
33	11147165	陈　冬	碳位移引发碳化硅纳米晶的非晶化研究	专项基金	5	2012-01-01/2012-12-31
34	21103041	李国强	不同取向A（A=Na,Ag）NbO$_3$单晶薄膜的物理参数与光催化性能之间的影响机制	青年科学基金	25	2012-01-01/2014-12-31
35	21103043	毛艳丽	生物膜中神经节苷脂GM1与淀粉样beta肽的分子作用机理研究	青年科学基金	25	2012-01-01/2014-12-31
36	21173068	郭立俊	单分子酶促反应与分子构象动力学研究	面上项目	61	2012-01-01/2015-12-31
37	61176067	程　纲	氧化物半导体超细纳米线的表面势垒调控及高性能气敏传感器研究	面上项目	74	2012-01-01/2015-12-31
38	61177004	黄明举	掺纳米粒子的抗缩皱宽带敏感数字全息存储光致聚合物材料的研究	面上项目	71	2012-01-01/2015-12-31
39	11274093	杜祖亮	表面态对氧化物半导体低维纳米结构光电性能的影响	面上项目	95	2013-01-01/2016-12-31

续　国家自然科学基金项目

序号	批准号	负责人	课　　题	项目类别	直接费用（万元）	开始日期/结题日期
40	21201055	申怀彬	基于无机金属配体 Ag-X（[AgS]-和[AgSe]-）修饰纳米晶的合成技术及其光电性能研究	青年科学基金	25	2013-01-01/2015-12-31
41	21203055	胡彬彬	基于 Langmuir 膜的双重调控仿生矿化界面的构建及其对无机材料的结构调控	青年科学基金	25	2013-01-01/2015-12-31
42	51202057	贾彩虹	不同取向 ZnO/铁电外延异质结的界面和电学耦合性质	青年科学基金	24	2013-01-01/2015-12-31
43	61240053	程　轲	纳米异质结阵列的构筑、界面调控实现太阳电池中载流子的高效分离和收集	专项基金	19	2013-01-01/2013-12-31
44	61250003	张新安	氧化锌肖特基栅场效应晶体管制备及其紫外探测特性研究	专项基金	20	2013-01-01/2014-12-31
45	U1204112	闫玉丽	掺杂最外层具有 6s2 电子结构的元素提升 $Ca_5Al_2Sb_6$ 基材料热电性能的理论研究	联合基金	30	2013-01-01/2015-12-31
46	U1204114	任喜军	最优量子克隆中的信息分配关系研究	联合基金	26	2013-01-01/2015-12-31
47	U1204208	王书杰	TiO_2/WO_3 复合纳米线阵列的构筑及其光电分离机制研究	联合基金	28	2013-01-01/2015-12-31
48	U1204211	刘向阳	Zn_2SnO_4 基复合电极及其染料敏化太阳能电池光生电荷分离机制与光电性质研究	联合基金	30	2013-01-01/2015-12-31
49	11305046	彭成晓	ZnO 本征半导体 d^0 铁磁性来源及调制机制	青年科学基金	30	2014-01-01/2016-12-31
50	21373076	蒋晓红	基于 Langmuir 膜的气液界面调控超细纳米线的诱导生长	面上项目	81	2014-01-01/2017-12-31
51	21373077	刘　波	主-客体效应诱导分子三维自组装结构	面上项目	83	2014-01-01/2017-12-31

续 国家自然科学基金项目

序号	批准号	负责人	课题	项目类别	直接费用（万元）	开始日期/结题日期
52	51304062	陈 增	熔盐电解制备 SiCf/Mg 复合材料先驱丝及反应过程研究	青年科学基金	25	2014-01-01/2016-12-31
53	51371076	王渊旭	调控能带结构优化几种三元 Zintl 合金热电性能	面上项目	80	2014-01-01/2017-12-31
54	51372069	郑海务	$Bi_5Ti_3FeO_{15}$/CuO 异质结薄膜的制备、光伏特性与载流子输运机理研究	面上项目	80	2014-01-01/2017-12-31
55	61306016	周正基	基于一维有序 TiO_2 纳米阵列的全无机耗尽体相异质结量子点太阳能电池的结构构筑和性能研究	青年科学基金	25	2014-01-01/2016-12-31
56	61306019	谭付瑞	P3HT 纳米线-CdSe/$CuInSe_2$ 核壳纳米四角体耦连体异质结太阳能电池的构筑与性能研究	青年科学基金	25	2014-01-01/2016-12-31
57	61350012	张伟风	基于铁电极化的阻变效应和器件性能研究	专项基金	20	2014-01-01/2014-12-31
58	61376044	钱 磊	高效超低压起亮有机发光二极管研究	面上项目	84	2014-01-01/2017-12-31
59	61376061	程 轲	高度有序 ZnO 纳米异质结阵列的构筑、界面调控及其在太阳电池中的应用	面上项目	86	2014-01-01/2017-12-31
60	U1304310	李银丽	黄原胶纳米结构保护牙齿抗酸性腐蚀的机理研究	联合基金	30	2014-01-01/2016-12-31
61	U1304617	韩俊鹤	双波长激光作用下菌紫质薄膜的光学特性及应用研究	联合基金	30	2014-01-01/2016-12-31
62	11404093	孙献文	施主和受主掺杂 $SrTiO_3$ 单晶的阻变机制研究	青年科学基金	30	2015-01-01/2017-12-31
63	11447107	丁春玲	混杂半导体金属纳米结构系统的量子非线性动力学研究	应急管理项目	5	2015-01-01/2015-12-31
64	21401043	张博文	关于利用光电印刷技术制备图案化纳米复合材料的研究	青年科学基金	30	2015-01-01/2017-12-31

续　国家自然科学基金项目

序号	批准号	负责人	课题	项目类别	直接费用（万元）	开始日期/结题日期
65	21403056	李胜军	柔性无裂纹 SnO_2 复合光阳极制备、微结构调控及其光电性能研究	青年科学基金	25	2015-01-01/2017-12-31
66	51402088	张　凤	层状氧化物低维结构及组成调控的发光衰减行为及其作用机制研究	青年科学基金	25	2015-01-01/2017-12-31
67	61404045	朱宝华	表面依赖的半导体量子点非线性光学性质研究	青年科学基金	26	2015-01-01/2017-12-31
68	61474037	申怀彬	基于高量子产率（＞90%）核壳结构量子点的高效全彩发光二极管	面上项目	79	2015-01-01/2018-12-31
69	U1404110	姜奇伟	染料敏化太阳能电池硫化镍廉价高效对电极材料研究	联合基金	30	2015-01-01/2017-12-31
70	U1404202	李胜军	CdS_xSe_{1-x} 量子点敏化 NiO 光阴极制备、能级调控及界面电荷转移机制研究	联合基金	30	2015-01-01/2017-12-31
71	U1404210	李新营	贵金属掺杂氢、卤族元素团簇中弱相互作用的量化拓扑研究	联合基金	26	2015-01-01/2017-12-31
72	U1404616	陈　冲	基于透明的双面 TiO_2 纳米管/ITO 电极的 $CdS/CuInS_2$ 量子点敏化太阳能电池研究	联合基金	30	2015-01-01/2017-12-31
73	U1404619	李天锋	垂直 InAs 和 InSb 纳米线阵列的可控生长及应用特性研究	联合基金	30	2015-01-01/2017-12-31
74	U1404624	朱宝华	尺寸依赖的半导体量子点非线性光学性质研究	联合基金	35	2015-01-01/2017-12-31
75	51502077	陈　珂	石墨烯/气凝胶结构硅异质结薄膜的镁热还原制备及其光电特性	青年科学基金	20	2016-01-01/2018-12-31
76	51571083	程振祥	氧化物界面应力调控：室温多铁界面材料及隧道结应用	面上项目	62	2016-01-01/2019-12-31

续　国家自然科学基金项目

序号	批准号	负责人	课　题	项目类别	直接费用（万元）	开始日期/结题日期
77	51572070	杜祖亮	具有光伏增强效应的多层次有序结构材料构筑及其在铜铟镓硒薄膜太阳电池中的应用	面上项目	64	2016-01-01/2019-12-31
78	61504039	张传意	激子极化激元的拓扑相变及其约瑟夫森效应	青年科学基金	18	2016-01-01/2018-12-31
79	61504040	王洪哲	表面配体选择对量子点电致发光器件中的电荷注入及发光效率影响研究	青年科学基金	20	2016-01-01/2018-12-31
80	61522405	程　纲	纳米结构表界面光电特性及光电器件	优秀青年科学基金	130	2016-01-01/2018-12-31
81	U1504111	丁春玲	驻波场驱动的量子系统中亚波长局域及相关特性的研究	联合基金	27	2016-01-01/2018-12-31
82	U1504510	冉　霞	新型偶氮苯衍生物的光控自组装结构及其光物理性质	联合基金	27	2016-01-01/2018-12-31
83	U1504511	王　超	ZnO/ZnS 超晶格纳米线电热输运性能的协同调制研究	联合基金	27	2016-01-01/2018-12-31
84	U1504624	岳根田	基于硫化物纳米电极的高效 $CdSe/CuInS_2$ 量子点太阳电池研究	联合基金	27	2016-01-01/2018-12-31
85	U1504625	张新安	P 型 $CuMO_2$（M = Al，Ga，In）薄膜晶体管的制备与电学性质研究	联合基金	27	2016-01-01/2018-12-31
86	11605040	陈　冬	离子束辐照纳米空洞点阵的自组织过程研究	青年科学基金	23	2017-01-01/2019-12-31
87	11674083	闫玉丽	钙钛矿氧化物界面磁性的电场调控	面上项目	68	2017-01-01/2020-12-31
88	21603056	阴化冰	光氧化对二维层状黑磷及异质结激发态性质影响机制的多体格林函数理论研究	青年科学基金	20	2017-01-01/2019-12-31
89	21671058	李林松	高效高稳定荧光量子点的设计合成及其在现场即时检测中的应用	面上项目	62	2017-01-01/2020-12-31

续　国家自然科学基金项目

序号	批准号	负责人	课题	项目类别	直接费用（万元）	开始日期/结题日期
90	51672069	白莹	锂离子电池高能量密度正极材料的界面特性研究与调控	面上项目	62	2017-01-01/2020-12-31
91	61604052	魏凌	六方、正交及其混合相$YMnO_3$阻变性能调控机理研究	青年科学基金	19	2017-01-01/2019-12-31
92	61605041	王书杰	利用纳米压印技术构筑具有高出光效率量子点发光二极管	青年科学基金	22	2017-01-01/2019-12-31
93	61675063	张锦龙	铌酸锂环形平面波导在波长解调应用中的关键技术研究	面上项目	67	2017-01-01/2020-12-31
94	U1604129	郭立俊	单分子水平实时研究蛋白在磷脂双层膜表面的吸附行为和机制	联合基金	45	2017-01-01/2019-12-31
95	U1604144	毛艳丽	基于空穴传输材料$CuIn(Se_xS_{1-x})2$的反向钙钛矿太阳电池光生电荷行为研究	联合基金	46	2017-01-01/2019-12-31
96	U1604261	杜祖亮	Ⅱ-Ⅵ族高效长寿命蓝色量子点发光二极管的构筑及其性能研究	联合基金	219	2017-01-01/2020-12-31
97	11747046	吴振坤	原子相干量子调控空间光特性理论研究	应急管理项目	5	2018-01-01/2018-12-31
98	11774078	贾瑜	超大负膨胀系数和宽温区的金属氟化物负膨胀材料设计研究	面上项目	61	2018-01-01/2021-12-31
99	11774384	王新	新型稀土氟化物/$Cu_{2-x}S$的MR-NIR(Ⅱ)荧光-光声多模态纳米探针构建及其活体成像和光热治疗研究	面上项目	65	2018-01-01/2021-12-31
100	61704047	岳根田	可穿戴大面积柔性纤维染料敏化太阳能电池研究	青年科学基金	25	2018-01-01/2020-12-31
101	61704048	陈冲	硫化镉对$CH_3NH_3PbI_3$/硫化镉体型异质结太阳能电池中电荷产生和输运机制的影响	青年科学基金	25	2018-01-01/2020-12-31

续　国家自然科学基金项目

序号	批准号	负责人	课题	项目类别	直接费用（万元）	开始日期/结题日期
102	11804077	曾在平	磷化铟基核壳量子点结构设计和发光特性研究	青年科学基金	24	2019-01-01/2021-12-31
103	11804078	李　航	纳米结构及磁场调制下拓扑霍尔效应及输运性质研究	青年科学基金	19	2019-01-01/2021-12-31
104	11804079	张华芳	低维 MAPbI$_3$ 纳米材料在高压下结构相变和光电性能研究	青年科学基金	30	2019-01-01/2021-12-31
105	51802078	刁春丽	SrTiO$_3$/BiFeO$_3$ 异质结薄膜的界面应力调控与储能特性研究	青年科学基金	24	2019-01-01/2021-12-31
106	51802079	訾青丽	基于高质量 CuInSe2 核壳结构量子点的深红-近红外发光二极管	青年科学基金	25	2019-01-01/2021-12-31
107	51802080	邹炳芳	基于磁性 SERS 编码水凝胶复合微球载体的多组分生物分子检测研究	青年科学基金	25	2019-01-01/2021-12-31
108	51872074	郑海务	基于高性能无铅压电/介电陶瓷的多功能复合能量捕获器件及其电输出特性研究	面上项目	60	2019-01-01/2022-12-31
109	61805068	吴振坤	原子相干晶格带隙空间光调制研究	青年科学基金	26	2019-01-01/2021-12-31
110	61805069	李若平	掺核壳纳米粒子的全息光致聚合物光化动力学的原位拉曼光谱研究	青年科学基金	27	2019-01-01/2021-12-31
111	61805070	王晓娟	QDs-MoS$_2$ 异质结光电性质与其界面调控机制的单分子水平研究	青年科学基金	23	2019-01-01/2021-12-31
112	61874039	申怀彬	基于高质量 InP 核壳结构量子点的高性能电致发光器件	面上项目	63	2019-01-01/2022-12-31
113	61875053	顾玉宗	量子点功能化石墨烯光学非线性的调控与增强研究	面上项目	63	2019-01-01/2022-12-31
114	11904079	刘　畅	二维多铁异质结中磁电耦合的第一性原理研究	青年科学基金	26	2020-01-01/2022-12-31
115	11947046	范金帛	纯旋量形式下有质量超弦的散射振幅	专项项目	5	2020-01-01/2020-12-31

续　国家自然科学基金项目

序号	批准号	负责人	课题	项目类别	直接费用（万元）	开始日期/结题日期
116	11974099	张伟风	铱酸锶低维结构的量子调控及其电化学能量转换性能研究	面上项目	64	2020-01-01/2023-12-31
117	21905075	贾小永	新型光控聚集诱导发光多苯硫基芳香化合物的设计及其在动态生物成像的应用	青年科学基金	26	2020-01-01/2022-12-31
118	51972098	李林松	量子点发光器件失效中的量子点相关材料问题及改进研究	面上项目	60	2020-01-01/2023-12-31
119	61905066	贺宇路	基于 ICG-mtAuNRs-Lip 探针的光热光动力协同作用效率研究	青年科学基金	24	2020-01-01/2022-12-31
120	61922028	申怀彬	II-VI 族半导体量子点发光材料与器件	优秀青年科学基金	130	2020-01-01/2022-12-31
121	61974040	程　纲	基于表面离子调控的室温高灵敏气体传感器	面上项目	59	2020-01-01/2023-12-31
122	61975052	张锦龙	光纤形状传感和光散射传感在人体组织血运监测中的关键技术研究	面上项目	59	2020-01-01/2023-12-31
123	U1904192	周正基	双梯度带隙 CZTSSe 光吸收层的构筑及其光伏器件性能研究	联合基金	37	2020-01-01/2022-12-31
124	U1904193	陈　珂	石墨烯宽带可饱和吸收体的可控生长及其特性研究	联合基金	48	2020-01-01/2022-12-31
125	12004099	宋业恒	二维拓扑绝缘体薄膜锡烯的 MBE 原位生长、表征及拓扑性质的调控	青年科学基金	24	2021-01-01/2023-12-31
126	12004100	刘成延	掺杂实现 $Cu_2ZnSn(SSe)_4$ 吸收层表层稳定弱 n 型特性的第一性原理研究	青年科学基金	24	2021-01-01/2023-12-31
127	12004101	邝艳敏	半导体量子点与金属等离激元结构间的量子态耦合与转化的动力学研究	青年科学基金	24	2021-01-01/2023-12-31
128	12074099	贾　瑜	典型二维非晶单层体系安德森局域尾态电子特性和催化增强机理研究	面上项目	62	2021-01-01/2024-12-31

续　国家自然科学基金项目

序号	批准号	负责人	课　题	项目类别	直接费用（万元）	开始日期/结题日期
129	12074100	李国强	SrTiO$_3$：Rh/BiVO$_4$ 外延异质结的能带结构、输运性质和光催化分解水性能	面上项目	62	2021-01-01/2024-12-31
130	22005086	崔　鹏	基于液液界面的高性能水滴摩擦纳米发电机	青年科学基金	24	2021-01-01/2023-12-31
131	52002114	李　超	新型镁铝基窄带发射氮化物荧光粉的合成及发光调控研究	青年科学基金	24	2021-01-01/2023-12-31
132	52002115	郁彩艳	绿色碳点的带宽调控机理及其在背光显示器件中的应用研究	青年科学基金	24	2021-01-01/2023-12-31
133	52003074	曹瑞瑞	基于储热调温纳米纤维的可穿戴热-机械能量收集器件的构建及其机理研究	青年科学基金	24	2021-01-01/2023-12-31
134	52072111	郑海务	基于摩擦纳米发电机-纳米复合物电介质电容器的新型自充电储能原型器件研究	面上项目	58	2021-01-01/2024-12-31
135	52072112	白　莹	全固态锂离子电池正极-电解质一体化界面的原位构筑和优化	面上项目	58	2021-01-01/2024-12-31
136	12047517	王　冰	新型铁基二维高温铁磁材料探索及磁耦合物理研究	专项项目	18	2021-01-01/2021-12-31
137	12047518	冯真真	点缺陷对三种新型 half-Heusler 热电化合物能带收敛机制的理论研究	专项项目	18	2021-01-01/2021-12-31
138	12104129	刘亮亮	基于补偿性共替代实现三元氢化物高温超导的理论研究	青年科学基金	30	2022-01-01/2024-12-31
139	12104130	王　冰	基于机器学习的二维高温铁磁半导体的高效筛选与设计研究	青年科学基金	30	2022-01-01/2024-12-31
140	12104131	李　鹏	连续调谐 3~4 μm 窄线宽涡旋参量激光器的研究	青年科学基金	30	2022-01-01/2024-12-31
141	12104132	王　博	光子晶体薄膜连续谱中的束缚态性质及其在衍射光波导中的应用	青年科学基金	30	2022-01-01/2024-12-31

续　国家自然科学基金项目

序号	批准号	负责人	课　　题	项目类别	直接费用（万元）	开始日期/结题日期
142	12105075	范金帛	散射理论中粒子纠缠程度变化特性的理论研究	青年科学基金	30	2022-01-01/2024-12-31
143	12174086	王飞久	全单一手性半导体碳纳米管基太阳能电池构筑及性能研究	面上项目	61	2022-01-01/2025-12-31
144	12174087	潘根才	稀土掺杂无机钙钛矿量子点的单组分白光发射调控及电致LEDs应用	面上项目	61	2022-01-01/2025-12-31
145	12174088	毛艳丽	稀土掺杂双钙钛矿上转换发光材料及其近红外光电探测应用研究	面上项目	61	2022-01-01/2025-12-31
146	22102048	汪利梅	单一手性二维共价有机网格的表面生长及手性表达机制研究	青年科学基金	30	2022-01-01/2024-12-31
147	22103024	池　振	二维过渡金属硫族化合物中激子态及其超快动力学过程研究	青年科学基金	30	2022-01-01/2024-12-31
148	22105063	冉　霞	超分子组装Au纳米团簇手性复合材料及其圆偏振发光特性研究	青年科学基金	30	2022-01-01/2024-12-31
149	22175054	肖助兵	无炭锂硫电池体系的构筑及其电催化机制研究	面上项目	60	2022-01-01/2025-12-31
150	22175056	胡彬彬	二维纤维液桥可控组装体系的构建及其在量子点发光二极管器件中的应用	面上项目	60	2022-01-01/2025-12-31
151	52102238	李晓宁	非费米液体特性增强Na_xCoO_2析氧活性的机理研究	青年科学基金	30	2022-01-01/2024-12-31
152	52102239	陈素华	微晶结构可调控的硬碳应用于高倍率钾离子电池	青年科学基金	30	2022-01-01/2024-12-31
153	52102240	李　杰	双单原子催化剂修饰超薄卤氧化铋的界面极化场构筑及其光催化合成尿素研究	青年科学基金	30	2022-01-01/2024-12-31
154	62174049	李福民	新型电子传输层材料研究及其高效钙钛矿太阳能电池的构筑	面上项目	57	2022-01-01/2025-12-31

四、获授权国家发明专利

序号	年度	专利号	专利名称	主要责任者
1	2021	ZL202110053960.4	一种双阴离子掺杂聚吡咯电极片及其制备方法、超级电容器	杜祖亮,方岩,王书杰
2	2021	ZL202020915539.5	一种 CO_2 催化还原装置和方法	程纲,张宝,向晓晨,李素敏,赵柯,杜祖亮
3	2021	ZL201910027592.9	一种基于金属卟啉与磷腈自组装纳米材料的 N、P 双掺杂石墨化碳材料、其制备方法及应用	钟永,任希彤,白锋,王静菡,张文志,刘双红
4	2021	ZL202010864258.1	一种 $ZnTPyP/WO_3$ Z 型材料、其制备方法及应用	钟永,刘双红,白锋,任希彤,田甜,鲍建帅,葛炎
5	2021	ZL201910027592.9	一种血红素与吡啶基金属卟啉共组装纳米材料、其制备方法及应用	钟永,张文志,白锋,任希彤,田甜,鲍建帅
6	2021	ZL202010010355.4	一种金属离子——QLISA 免疫检测信号放大试剂盒及其制备方法	吴瑞丽,王盼盼,李金洁,吕雁冰,申怀彬,李林松
7	2021	ZL202010134574.3	一种核壳结构量子点及其制备方法	申怀彬,龙瑞,李林松,杜祖亮
8	2021	ZL202010119668.3	一种核壳结构量子点及其制备方法和应用	申怀彬,高岩,桂志祥,李林松,杜祖亮
9	2021	ZL202011608723.1	基于 BODIPY 荧光染料靶向溶酶体选择性响应 H_2S 的荧光探针、制备及应用	王佳敏,张健,岳金磊,陶远芳,王瀚,王楠楠,苏慧慧,赵伟利
10	2021	ZL202113303335.1	基于试卤灵染料专一响应 $ONOO^-$ 的荧光探针、制备方法及应用	王佳敏,张健,苏慧慧,王瀚,王楠楠,陶远芳,岳金磊,赵伟利
11	2021	ZL202010553338.5	基于苯硒醚基团专一响应 Cys 的荧光探针、制备方法及应用	张健,赵伟利,陶远芳,王楠楠,王瀚,岳金磊,苏慧慧
12	2021	ZL201911282175.5	有机无机复合锂离子传导隔膜、其制备方法及利用其得到的锂氧电池	赵勇,梁栋,宋晓胜,韩庆,卞腾飞,王华
13	2021	ZL202010394906.1	基于深度学习和显著性感知的压缩视频流再编码方法	李永军,李莎莎,杜浩浩,邓浩,陈立家,曹雪,王赞,陈竞,李鹏飞

续　获授权国家发明专利

序号	年度	专利号	专利名称	主要责任者
14	2021	ZL202010749150.8	基于分形多小波的高光谱图像压缩方法	李永军,李莎莎,李婷婷,杜浩浩,陈竞,陈立家,张东明,李鹏飞
15	2020	ZL201910488971.8	一种纤维液桥薄膜制备装置	杜祖亮,江雷,李骁迅,胡彬彬
16	2020	ZL201910891476.1	一种基于钛掺杂五氧化二钒空穴注入层的正型QLED器件	杜祖亮,蒋晓红,马玉婷,田雨
17	2020	ZL201910891481.2	一种混合空穴注入层QLED器件及其制备方法	杜祖亮,蒋晓红,刘果,王啊强
18	2020	ZL201910297325.3	一种复合结构增强的QLED器件及其制备方法	杜祖亮,王书杰,李晨冉,王啊强,方岩
19	2020	ZL201810978204.0	一种基于摩擦纳米发电机气体放电的自驱动CO_2传感器	程纲,赵柯,顾广钦,张宝,杜祖亮
20	2020	ZL2018101078209	一种吡啶基卟啉金属化的绿色通用制备方法	白锋,王孝,王杰菲,钟永,王静菌,曹荣慧
21	2020	ZL2018104252118	一种卟啉聚合物纳米材料、其制备方法及应用	白锋,王静菌,钟永,任希彤,王孝,李奇,胡姚情
22	2020	ZL201910671153.1	一种单分散空心普鲁士蓝纳米微球、其制备方法及应用	王永强,卢龙,张传斌,马明,赵璐
23	2020	ZL2019110026203.0	一种大尺寸核壳结构量子点的制备方法	申怀彬,胡宁,吴瑞丽,吕雁冰,李林松
24	2020	ZL201910645483.3	一锅法制备的2,4-二取代吡咯或2,3,4-三取代吡咯及制备方法	赵伟利,张健,刘唱,金月,陶远芳,王先辉,王楠楠
25	2020	ZL201910655371.6	吡啶/吡啶季铵盐取代BODIPY类化合物及其应用	赵伟利,张健,王先辉,金月,陶远芳,刘唱,陈淼
26	2020	ZL201910712413.5	苯并二噻吩-4,8-二酮在锂氧电池中的应用及利用其得到的锂氧电池	赵勇,刘肖,宋晓胜,何晓峰,韩庆,王华
27	2020	ZL201910587045.6	一种提高/BFO异质结器件光电响应的方法	郑海务,吴梦君,王清林,任晓琳
28	2020	ZL201811130074.1	一种石墨烯包覆纳米氧化铬负极材料的原位生长方法	陈珂,白莹,赵磊

续　获授权国家发明专利

序号	年度	专利号	专利名称	主要责任者
29	2020	ZL201810344827.2	一种全自动香菇分离装置	张镭,李玉杰,邱临川
30	2020	ZL201711169313.x	TiO_2散杂材料及其方法和应用	张振龙,石文佳,毛艳丽
31	2020	ZL20181114581.X	施加固定作用力的原子力显微镜探针装置	赵慧玲,白莹,郁彩艳
32	2020	ZL201810779927.8	马尔科夫运动目标的无人机搜索方法及装置	陈立家,王赞,汪晓群,薛政钢
33	2020	ZL201811235356.8	一种黄光油相碳点的制备方法	郁彩艳,赵慧玲,白莹
34	2020	ZL201910348354.8	利用拉曼成像技术检测光致聚合物中纳米粒子空间分布的方法	付玉洲,李若平,黄明举,韩俊鹤,刘军辉
35	2020	ZL201810543595.3	一种基于无机量子点酮铟硒的钙钛矿太阳能及其制备方法	张振龙,毛艳丽,张艳
36	2020	ZL201811235350.0	高层建筑电梯叫梯调度方法及装置	郁彩艳,赵慧玲,白莹
37	2020	ZL201810642320.5	基于多种群粒子群算法的机械臂运动规划方法	陈立家,杨剑锋,冯子凯,代震
38	2020	ZL201810096036.2	一种铌酸锶钠材料及其制备方法和应用	李国强,潘恒凯,张凤,张伟风
39	2020	ZL20180303245.x	基于自驱动的摩擦纳米发电机的水系统中的防垢防锈方法	吴永辉,郑海务,王永超,常证虎
40	2020	ZL201910484531.5	一种引导自动对焦设备失焦的方法	张彦波,李锦,贾雅臻,高丹颖
41	2020	ZL201910151125.7	一步法表面包覆和梯度掺杂一体化双修饰LNMO正极材料的方法	白莹,赵慧玲,郁彩艳,赵瑞
42	2020	ZL201910309498.2	一种均匀体限制型阻变存储器及其制备方法	魏凌,罗明,王茜
43	2020	ZL201710355511.9	一种钬-镱-锂共掺杂二氧化钛纳米材料及其制备方法和钙钛矿太阳能电池	张振龙,石文佳,毛艳丽
44	2020	ZL201910084768.4	具有内部测温功能的新型IGBT封装结构及封装方法	张锦龙

续　获授权国家发明专利

序号	年度	专利号	专利名称	主要责任者
45	2020	ZL201910151124.2	一种具有钉孔效应的电池正极包覆结构材料及其制备方法	赵慧玲,赵瑞,白莹,郁彩艳
46	2020	ZL201910543788.3	一种可自动解体的大型充气游乐设施模型	张彦波,李金泽,杨岚,邢若男
47	2020	ZL201910571200.5	一种Nb-二氧化锡纳米前驱体、利用其作为电子传输层制备钙钛矿太阳能电池的方法	刘向阳,赵晓伟,牛晨,闫超凡
48	2020	ZL201810642318.8	一种多无人机对不确定环境搜索的航迹规划方法	陈立家,吴静,管禹,陈莹
49	2020	ZL201811131709.x	一种绒面透明导体氧化物薄膜的制备方法	张新安,蒋俊华,孙献文,郑海务,张伟风
50	2020	ZL201811131709.X	一种绒面透明导电氧化物薄膜的制备方法	张新安,蒋俊华,孙献文,郑海务,张伟风
51	2020	ZL201910206447.7	一种掺杂过程中自包覆双修饰结构的锂离子电池正极材料及其制备方法	白莹,张晨,郁彩艳,赵慧玲
52	2020	ZL201710416133.0	一种多体并行S盒的电路结构	敖天勇,吴永辉,宫德龙,侯卫周,顾玉宗
53	2020	ZL201910571261.1	一种Sb-二氧化锡纳米前驱体、利用其作为电子传输层制备钙钛矿太阳能电池大的方法	刘向阳,赵晓伟,牛晨光,杨晓渡
54	2020	ZL201711189631.2	一种具有磁性-荧光多功能纳米材料及其制备方法	刘越峰,毛艳丽,高惠平,张振龙,赵军,张华芳
55	2020	ZL201810740497.9	一种多孔有机半导体薄膜的制备方法	张新安,蒋俊华,张朋林,郑海务,张伟风
56	2020	ZL201910248076.9	无电形成过程阻变存储器实现量子电导效应的方法	魏凌,王晓娟,李若平
57	2020	ZL201710176492.3	一种锑酸-铋酸钠复合光催化材料及其制备方法与应用	李国强,张凤,申乾云,张伟风
58	2020	ZL201810526071.3	一种钛镱镁掺杂二氧化钛的量子点的制备方法及其在钙钛矿电池中的应用	张振龙,毛艳丽,石文佳
59	2020	ZL201910609027.3	一种具有协同作用的一体式过滤离心装置	白莹,张大乐,赵慧玲,郁彩艳

续　获授权国家发明专利

序号	年度	专利号	专利名称	主要责任者
60	2020	ZL201810789650.7	一种 ZTO-AgNWs/CBS-GNs 柔性薄膜太阳能电池及其制备方法	刘向阳,牛晨光,刘新胜,顾玉宗
61	2020	ZL201710988081.4	一种化学溶液法制备硼掺杂氧化物介电薄膜的方法	张新安,杨光,郑海务,张朋林,李爽,张伟风
62	2020	ZL201710988060.2	一种高稳定性氧化物半导体薄膜晶体管及其制备方法	张新安,刘献省,郑海务,李爽,张朋林,张伟风
63	2020	ZL201810328131.0	一种锂离子电池的组装框架	白莹,赵慧玲,郁彩艳,尹延锋
64	2020	ZL201810995061.4	原子力显微镜探针装置	赵慧玲,白莹,郁彩艳
65	2020	ZL201810544086.2	一种具有超低热导率铋铟硒热电材料的制备方法	王渊旭,王超,张德
66	2020	ZL201810740495.X	一种有机无机复合 PIN 二极管及其制备方法	张新安,蒋俊华,张朋林,郑海务,张伟风
67	2020	ZL201810788053.2	一种 Mo-二氧化钛-AgNWs 柔性钙钛矿太阳能电池及其制备方法	刘向阳,徐建斌,牛晨光,顾玉宗
68	2020	ZL201810920666.7	一种 Sp-二氧化锡-AgNWs/CBS-GNs 柔性薄膜太阳能电池及其制备方法	刘向阳,牛晨光,顾玉宗
69	2020	ZL202010524803.2	一种 MoLnSnS 四元对电极、其制备方法及应用	岳根田,程仁志,谭付瑞
70	2020	ZL2020065477.3	基于三磷化钴二元对电极在燃料敏化太阳能中的应用	岳根田,高雪蔓,谭付瑞,吴天利,高跃岳
71	2020	ZL202010036568.4	一种具有多刺激响应性荧光-多色发光材料及其制备方法和应用	贾小永,王新,张伟风
72	2019	ZL2019100665084	一种钨酸铬的烧结合成方法	刘献省;董清臣,张伟风
73	2019	ZL201810403174.0	一种基于摩擦纳米发电机的溺水触发装置	郑海务,许建程,李劭珩,高伟,陈力琦,岳根田
74	2019	ZL201711113325.0	一种基于钛酸钡界面修饰层的钙钛矿太阳能电池及其制备方法	张振龙,秦建强,毛艳丽
75	2019	ZL201910079677.1	一种滚球式多功能输送装置及其控制方法	张镭,刘铮杰,黄智远,王瑞麟,钱毅达

续　获授权国家发明专利

序号	年度	专利号	专利名称	主要责任者
76	2019	ZL201810283397.8	一种海浪发电船	郑海务
77	2019	ZL201810298923.8	基于声音能量的摩擦纳米发电机的速度传感器及其应用	郑海务,陈方琦,吴永辉,祝鸣赛
78	2019	ZL201610993713.1	薄膜晶体管及其制备方法	张新安,蒋俊华,敖天勇,张朋林,张伟风
79	2019	ZL201810478748.0	一种二维纳米二硫化钛及其薄膜电极的制备方法	姜奇伟,于琼哲,李明,庞亚帅,陈旭
80	2019	ZL2018l024187.3	一种基于压电发电机的立体车库导正装置	郑海务,吴梦君,敖天勇,王伟超
81	2019	ZL201810298922.3	柔性摩擦纳米发电机及基于该电机的减震及货物状态监测系统	郑海务,丁晨宇,彭晨,任晓琳
82	2019	ZL201710579590.1	一种锂离子电池复合正极材料的制备方法	白莹,王丹丹,李国强,李胜军,赵慧玲
83	2019	ZL201710588026.6	一种锂离子电池正极材料的制备方法	白莹,赵慧玲,谭付瑞,李国强,李胜军
84	2019	ZL201710588027.0	一种锂离子电池钴酸锂正极材料的掺杂改性方法	白莹,张晨,李胜军,赵慧玲,谭付瑞
85	2019	ZL201810329136.5	一种基于接触角测试制备电极材料表面均匀修饰层的方法	白莹,王丹丹,赵慧玲,李国强,李胜军
86	2019	ZL201910084768.4	具有内部测温功能点新型IGBT封装结构及封装方法	张锦龙,顾然,屈海涛,董志猛,范琳琳
87	2019	ZL201510677033.4	NiO/Nb:SrTiO 光电双控多级阻变存储器及其制备方法	魏凌,张伟风,刘鹏飞
88	2019	ZL201510677033.4	NIO/Nb:SyTiO$_3$ 光电双控多级阻变存储器及其制备方法	魏凌,张伟风,刘鹏飞
89	2019	ZL20171141065	一种利用气流排列食用菌装置	张镭,张润林,张艺霖
90	2019	ZL201710170559.2	特定形貌的铌酸钠光催化剂材料及其制备方法与应用	李国强,张风,尉乔南,五洲,张伟风
91	2019	ZL201610883879.8	一种探针台及低测试系统	孙献文

续 获授权国家发明专利

序号	年度	专利号	专利名称	主要责任者
92	2019	ZL201710426090.4	一种碱金属氟化物掺杂的钙钛矿太阳电池制备方法	王渊旭,王科范,杨癸,张丽英,程振祥
93	2019	ZL201610338043.X	柔性氧化锌肖特基二极管及其制备方法	张新安,郑海务,杨光,刘献省,李爽,张伟风
94	2019	ZL201810059159.9	一种基于摩擦纳米发电机空气放电的新型紫外光检测器及其检测方法	程纲,郑明理,杨锋,赵磊,杜祖亮
95	2019	ZL2016108274511	一种应用于光动力治疗的卟啉/SiO_2自组装纳米复合材料的可控制备方法	白锋,王杰菲,南楠,钟永,王亮,毛兴
96	2019	ZL201711187968.X	一种催化剂及其制备环氧亚麻油的办法	周文辉,袁萌,武四新,寇东星,周正基,田庆文,孟月娜
97	2019	ZL201710576268.3	一种梯度合金量子点及其制备方法	申怀彬,李昭涵,汪盈,王洪哲,李林松
98	2019	ZL201810424618.9	一种适用于照明应用的量子点发光二极管及其制备方法	李林松,申怀彬,李昭涵,张彦斌,吴瑞丽
99	2019	ZL201810482250.1	一种非闪烁量子点及其制备方法	申怀彬,李林松
100	2019	ZL201811228422.9	一种非闪烁量子点及其制备方法和量子点发光二极管	申怀彬,杜祖亮,李林松,王书杰,张彦斌
101	2019	ZL201910080152.X	一种钙钛矿太阳能电池及其制备方法(量子点)	陈冲,朱良欣,李福民,翁玉娟
102	2019	ZL201911239425.7	一种Mn离子掺杂的硼酸盐荧光材料及其制备方法	张凤,付颖,李超,张铮铮
103	2019	ZL201910327067.9	氢卤酸二次掺杂聚苯胺薄膜及其制备方法和应用	谭付瑞,高跃岳,吴天利,岳根田,张伟风
104	2019	ZL201911316309.0	一种不对称芳香杂环丙噻吩二酮基有机太阳能电池给体材料、其制备方法及应用	高跃岳,谭付瑞,刘荣,董琛,张伟风
105	2019	ZL201911217255.X	一类引达省并二呋喃基有机太阳能电池给体材料、及制备方法及应用	高跃岳,谭付瑞,刘荣,董琛,张伟风

续 获授权国家发明专利

序号	年度	专利号	专利名称	主要责任者
106	2018	ZL201810518927.2	一种超低温稳定的平板钙钛矿太阳能电池及其制备方法	李福民,陈冲,岳根田,徐梦琦
107	2018	ZL201610824125.5	金属氧化物薄膜晶体管阵列的制备方法	张新安,张伟风,李爽,杨光,刘献省
108	2018	ZL201710590289.0	一种柔性体仿生鱼及其驱动控制方法	张镭,张彦波,吕浩杰,王孟禄,邓永超
109	2018	CN201710322425	基于摩擦电纳米发电机的自供电避震弹簧	郑海务
110	2018	ZL201710455819.0	一种 ZTO-ZnO/CBS-GSs 柔性薄膜太阳能电池及其制备方法	刘向阳,牛晨光,顾玉宗
111	2018	ZL201610338044.4	p 型氧化铜薄膜晶体管的制备方法	张新安,郑海务,杨光,刘献省,李爽,张伟风
112	2018	ZL201510952139.0	一种低电压透明氧化物薄膜晶体管及其制备方法	张新安,赵俊威,李爽,张伟风
113	2018	ZL201810536722.7	一种熔盐电解质备耐腐蚀 Al-Ni 合金的方法	陈增,彭亚茹,李胜军,白莹,刁春丽,李伟,张伟风
114	2018	ZL201810443028.0	一种导体共聚体修饰的 MWCNTs/硫化钼三元复合电极及其制备方法	岳根田,姜奇伟,李福民,张粟垚
115	2018	ZL2016105989372	一种采用共溶剂法制备苯氨基卟啉自组装纳米材料的方法	白锋,王静菡,钟永,王杰菲,李奇,曹荣慧,王孝,王高阳
116	2018	ZL2016103965180	一种 T1239 和 MTPyP 共组装纳米材料的可控合成方法	白锋,谢静,钟永,王杰菲,李奇,王亮
117	2018	ZL2016103843770	一种采用原位光催化法制备一维空心 Ag 纳米结构的方法	白锋,钟永,王杰菲,谢静,王亮
118	2018	ZL2016103870195	一种氧化锌-卟啉核壳纳米棒复合材料及其制备方法	白锋,付宇航,李奇,刘肖,牛丽娟,魏文博,王亮
119	2018	ZL2016103870373	一种卟啉纳米阵列的电化学原位制备方法	白锋,付宇航,李奇,牛丽娟,刘肖,王亮,魏文博
120	2018	ZL2016103962498	一种卟啉/二氧化钛均匀共组装纳米球的制备方法及其应用	白锋,吕心鹏,王杰菲,钟永,张娜,李奇

续　获授权国家发明专利

序号	年度	专利号	专利名称	主要责任者
121	2018	ZL201610155881.3	一种 Fe_3O_4@SiO_2 蛋黄-蛋壳结构中空复合微球的制备方法及应用	王永强,程琳,郑海红,虞勇
122	2018	ZL201610155882.5	Fe_3O_4@C 核壳结构复合微球的制备方法及应用	王永强,程琳,虞勇,郑海红
123	2018	ZL201610155119.5	一种 Fe_3O_4@PPy@Au 磁性复合微球的制备方法及应用	王永强,郑海红,虞勇,程琳
124	2018	ZL201310607149.1	一种合成蓝紫色发光 ZnCdS/ZnS 核壳结构纳米晶的方法	申怀彬,李林松,牛金钟
125	2017	ZL201510453244.X	特定形貌的铌酸钠光催化材料及其制备方法与应用	李国强,张凤,尉乔男,五洲,张伟风,邓浩
126	2017	ZL201510335917.1	满足多频率需求的宽频带超声换能器复合机构	张培玉,李妍
127	2017	ZL201510952140.3	一种删压控制的透明场效应紫外探测器及其制备方法	张新安,赵俊威,李爽,张伟风
128	2017	ZL201610266729.2	一种双靶直流共溅射制备铜铟镓硒吸收层的方法	杜祖亮,程轲,薛明
129	2017	ZL201610270066.1	一种共溅射法制备 CIGS 薄膜太阳能电池吸收层的方法	杜祖亮,程轲,黄玉茜
130	2017	ZL2016103973365	用于可见光光解水制氢的一维卟啉纳米材料的可控制备方法	白锋,张娜,王亮,李奇,钟永,王杰菲,谢静,王海淼
131	2017	ZL201510174470.4	可见光催化剂 AgBr/Ag 多孔复合微球的制备方法	王永强,娄世云,周少敏,贾献斌,边尔康,李瑞
132	2017	ZL201510073889.0	一种新型高散射量子点荧光粉及其制备方法	李林松,张昕彤,张雪静,申怀彬,周长华
133	2017	ZL201510565229.4	一种新型量子点发光器件	申怀彬,齐青丽,李林松
134	2017	ZL201510068498.X	一种改善量子点发光二极管寿命的方法	申怀彬,齐青丽,李林松
135	2017	ZL201711326131.9	一种低温高效的钙钛矿太阳能电池及其制备方法	李福民,陈冲,岳根田,谭付瑞,李胜军
136	2017	ZL201710865735.4	一种黄铁矿结构铁基三元硫族单晶材料及其制备方法	田建军,高惠平,田军锋,范素娟,秦勉,贾彩虹

续　获授权国家发明专利

序号	年度	专利号	专利名称	主要责任者
137	2017	ZL201711402434.4	一种三维分级结构ZnO薄膜及其在敏化太阳能电池中的应用	陈增,李胜军,李永军,蔡俊豪,刁春丽,李福民,李卓
138	2017	ZL201711033757.0	一种柔性纤维燃料敏化太阳能电池及其制备方法	岳根田,姜奇伟,马兴平,李福民
139	2016	ZL201510018106.9	一种黄原胶-银纳米复合材料及其制备方法	刘波,朱纪春,韩晓宇,刘波,李银莉,高丽珍,张海磊,李梦梦
140	2016	ZL201410285970.0	通过锂二次电池正极活性材料添加剂实现表面修饰的方法	谭付瑞,白莹,尹延峰,赵慧玲,魏凌,张伟风
141	2016	ZL201410347018.9	置换规则配置简洁的通用置换电路结构	敖天勇
142	2016	ZL201510036928.X	一种以铜为内芯的纳米电缆透明导电薄膜及其制备方法	姜奇伟,李胜军,李国强,岳根田,李夕金,李福民,陈冲,张传意,王磊,郑海务
143	2016	ZL201510036873.2	一种以银为内芯的纳米电缆透明导电薄膜及其制备方法	姜奇伟,岳根田,谭付瑞,李夕金,张传意
144	2016	ZL201410238176.0	一种核壳结构硒化镉/硫化铅纳米四角体及其制备方法	白莹,谭付瑞,张伟风
145	2016	ZL201510234623.X	一种适用于低温电学测试的连接装置及使用方法	魏凌,张伟风,尹延峰
146	2016	ZL201410285966.4	用于锂二次电池正极活性材料的表面修饰方法	白莹,尹延峰,邱永宽,孙献文,张伟风
147	2016	ZL201210557712.4	一种薄膜太阳能电池背反电极及其制备方法	王春雷,毛艳丽,张振龙,王超,张伟风
148	2016	CN201610557266	熔盐体系中脉冲电沉积制备SiC纤维增强镁基复合材料先驱丝的方法	李胜军
149	2016	ZL201610275529.3	一种镉化合物量子点荧光薄膜的制备方法	杜祖亮,李留帮,蒋晓红,李林松
150	2016	ZL201510254792.X	一种微米级超顺磁四氧化三铁微球的制备方法	王永强,邹炳芳,周少敏,郑海红,程琳
151	2016	ZL201410205148.9	一种超声辐射快速制备石墨烯的方法	陶小军,李志伟,周少敏

续　获授权国家发明专利

序号	年度	专利号	专利名称	主要责任者
152	2015	ZL201210469582.9	一种制备铜锌锡硫薄膜太阳能电池吸收层的方法	周文辉,郭秀春,武四新,周正基
153	2015	ZL201410156270.1	一种多层氧化石墨烯的制备方法	陶小军,李志伟,周少敏
154	2015	ZL201310317434.X	絮状纳米级铌酸钠复合光催化材料及其在环境净化和氢气制备中的应用	李国强,李新斌,张伟风
155	2014	ZL201110379146.8	一种具有多光子吸收特性的芴衍生物及其合成方法与应用	刘军辉,王渊旭,李国凤
156	2014	ZL201210155959.3	全透明阻变存储器及锡酸钡在做为透明的具有稳定阻变特性材料方面的应用	张婷,马文海,张伟风,魏凌
157	2014	ZL201210013991.8	一种肖特基栅场效应紫外探测器及其制备方法	张新安,海富生,郑海务
158	2014	ZL201410671275.8	一种制备光电薄膜的方法	黎春喜,陈冲,李福民
159	2014	ZL201410332874.7	一种重金属离子吸附剂铁氧体空心球 MFe_2O_4	黎桂辉,兑静娜,周少敏,巩合春,贾献彬
160	2014	ZL200910227484.2	一种以乙酰丙酮盐为原料合成无机纳米晶的方法	李林松,李晓民,申怀彬
161	2013	ZL201010235002.0	一种纳米 $CuInS_2$ 的制备方法	武四新,陈星,庞山
162	2013	ZL201110194388.X	一种高热电优值单晶锑化锌纳米梳子及其制备方法	周少敏,吴小平
163	2013	ZL200910312031.X	RRAM 单元测试系统切换器及 RRAM 单元测试系统	张婷,张伟风
164	2013	ZL201010223786.5	基于运动矢量的车流量检测方法	陈立家,高伟,郑海务,代震,张奇惠
165	2013	ZL201110114668.5	一种具有多光子吸收特性的对称型双亚芴衍生物及其合成方法与应用	刘军辉,王渊旭,李国凤,张奇惠,张光彪
166	2012	ZL200810230966.9	一种镍酸镧陶瓷靶的制备方法	陈红举,张婷,丁玲红,张伟风
167	2012	ZL201010128112.7	一种透明柔性紫外探测器及其制备方法	张新安
168	2012	ZL200910172457.X	掺杂纳米二氧化硅的光致聚合物全息材料及其制备方法	王艳,黄明举,李若平,王素莲,韩俊鹤

续 获授权国家发明专利

序号	年度	专利号	专利名称	主要责任者
169	2012	ZL200810160979.3	一种热电偶用保护管及其制备方法	陈红举,张伟风
170	2012	ZL201010187285.6	聚苯乙烯微球模板的制备方法以及制备氧化锌薄膜的方法	杜祖亮,付东伟,程轲,庞山
171	2012	ZL200910065147.8	一种利用特殊脉冲电源电沉积铜铟硒或铜铟镓硒薄膜的方法	杜祖亮,王广军,庞山,王晓丽,万绍兴,张兴堂
172	2012	ZL201110094055.X	一种 TiO_2/WO_3 复合薄膜的制备方法及所得薄膜的应用	杜祖亮,乔振聪,程轲,庞山
173	2012	ZL200910065098.8	并三噻吩二羧酸单分子层及其制备方法	杜祖亮,王德坤,蒋晓红,王华
174	2012	ZL200910064764.6	一种含碲半导体纳米晶的合成方法	李林松,申怀彬
175	2012	ZL200810049338.0	一种半导体纳米晶的制备方法	李林松,娄世云,牛金钟
176	2011	ZL200810049642.5	一种掺杂半导体纳米晶及其制备方法	李林松,申怀彬
177	2011	ZL200810230636.X	一种氧化物纳米晶的合成方法	李林松,司红磊
178	2010	ZL200810049316.4	一种核壳结构纳米晶的制备方法	李林松,申怀彬
179	2010	ZL200810049304.1	一种含硒化合物纳米晶的制备方法	李林松,申怀彬

五、标志性科研成果简介

● 新课程教学设计——"分课型"构建教学模式的研究与实践

该项研究获 2014 年度国家级教学成果奖二等奖,其核心内容包括以下三个方面:

1) 构建了不同学科不同课型的教学模式。2009-2013 年,课题组经过实践、验证与完善,以学术性与实践价值 2 个标准筛选出了 28 个优秀的各学科分课型教学模式文本。这些教学模式是以"自主、合作探究"作为构建的原则,呈现了教师的教学个性,又符合了教学规律。

2）探索了中小学课堂教学中的核心教学技能特点与要求。根据教学技能的核心内涵及课堂教学的基本流程，课题组总结出课堂教学中常用的 6 个核心教学设计技能及其基本特点与要求。这些教学技能具有较强的实践操作性。

3）构建了基于视频的教学技能训练程序。教学技能视频训练是利用微格教学的原理，在研究中课题组以参与教师自身的教学录像视频为研究材料、以视频为媒介、以教学设计课堂"切片"技术，将其分为了解、模仿、整合和熟练 4 个步骤。该方法具有具体明确的操作程序与方法，在实践中效果良好，广受欢迎。

● 兼具高亮度和高效率的量子点发光二极管

该项研究入选"2019 年度中国光学十大进展"（第十五届）。

河南大学申怀彬、李林松、杜祖亮等和中国科技大学张振宇等通过设计合成新型核壳结构量子点，研发了兼具高亮度、高效率和长寿命红绿蓝三基色 QLED 器件。其中多项性能指标创世界纪录，包括红绿两色的亮度（356 000 cd/m^2 和 614 000 cd/m^2）和效率（21.6% 和 22.9%）、蓝色的亮度（62 600 cd/m^2），以及绿色和蓝色器件的寿命（分别为 1.7×10^6 h 和 7 000 h）。研究结果有望加速推进 QLED 在高亮高效显示和照明领域应用的进程。相关研究成果以 Visible quantum dot light-emitting diodes with simultaneous high brightness and efficiency 为题发表于 *Nature Photonics* 2019 年 13 卷第 192-197 页，申怀彬为该论文第一作者，杜祖亮、李林松和张振宇为共同通讯作者。

● 物理学师范专业课程设置的优化与改革研究

该项研究获 2016 年度河南省教学成果奖二等奖。

课题组通过一系列的调查研究与实践探索，厘清了国内高师院校物理教育类课程设置的基本情况，明确了物理学师范专业的学生对物理教育类课程设置的需求，认识了物理教师与物理学师范专业学生在物理教育类课程需求方面的不同情况。在此基础上，为高师院校物理学师范专业课程设置的优化与改革提出了合理化的建议，并通过教育实践的检验不断地修正和完善研究结论。研究成果首先在物理学师范专业的培养中进行了实践检验，然后在"国培计划"初中物理教师培训项目中进行了实践检验。结果表明，该项研究成果不仅可以为物理教师教育课程设置提供了一系列有益的参考，同时也可以为"国培计划"等培训项目中物理教师培训课程的设置提供一些有益的借鉴。

● 氧化物半导体纳米结构的光电特性

该项研究获 2013 年度河南省科技进步奖二等奖。

纳米结构所具有的各种特异性能是发展新型纳米器件的物理基础,揭示并进而调控纳米结构下的特殊物性是目前纳米科技研究领域最重要的内容。其中,金属氧化物半导体以其稳定、可控的结构和多样、优异的光电性能而备受关注。深入揭示各种半导体材料在纳米尺度下所展现的独特光电性能是发展高性能纳米结构材料与器件的重要前提和基础。

杜祖亮团队多年来一直从事金属氧化物纳米结构的制备、组装以及光电性能研究,具有较深厚的研究积累。在国内较早建立了基于扫描探针显微镜的纳微区光电检测系统和纳米压印平台,实现了纳米区域的光电测量;实现了纳米电极与宏观电极的有效连接以及单根一维半导体纳米材料的定位组装;直接观察到了复合半导体纳米结构的高效光电开关和纳米尺度下的光电分离特性;阐明了一维半导体纳米材料受控于表面态的光电输运模型,基于该输运模型发展了多种调控光电输运的有效方法,提出并研制了基于表面肖特基势垒的光电纳米器件,为发展高效能纳米结构光电材料与器件提出了全新的思路。

● 纳米结构有序材料的制备、组装及性能

该项研究获 2014 年度河南省科技进步奖二等奖。

纳米结构有序材料是发展纳米器件的根本基础,是纳米科技真正走向应用的重要前提。从分子尺度和纳米尺度对材料进行有效的结构控制,从而实现材料的设计和构筑是实现材料性质和功能调控的有效手段和必要环节,而实现分子或者纳米尺度的有序组装是形成上述功能纳米材料构筑重要而高效的途径。分子组装(LB)技术作为一种有效的构筑有序功能体的手段,可以方便地在分子尺度上实现对材料结构的调控,能够组装具有预期厚度和分子排列的超薄膜,进而实现功能光电分子和纳米材料的精确定位和组装,形成有序功能纳米结构材料,为在分子尺度上开展材料的结构和性能设计提供了极大的便利。

杜祖亮团队基于分子组装和自组装两种技术手段,通过对仪器的设计改造和实验技术的改进,系统研究了有序纳米结构功能体的构筑方法及其结构和性能。通过有模板自组装和无模板自组装两种手段对纳米棒、纳米线等纳米材料进行了有效的结构有序化,在此基础上着重研究了有序组装体的光电性能。发展了一系列高性能的纳米光电材料和研究装置,进一步完善了有序组装体的制备、结构和性能相关的理论和方法。为今后高性能纳米结构有序材料,尤其是具有特殊光电性质的纳米结构材料的设计制备和开发奠定了坚实的基础。

● 高效能量转换氧化物纳米材料的关键技术及创新应用

该项研究获2016年度河南省科技进步奖二等奖。

能源利用与环境保护之间的矛盾激发了人们寻找绿色可再生能源的热情,太阳能电池、锂离子电池等是地球上分布最广泛的、清洁安全的可再生能源。另外,光致发光在能量转换等领域也凸显出广阔的应用前景。最近的研究表明,金属氧化物材料具有较好的能量储存/转换特性。

随着现代材料物理化学领域的不断融合和交叉发展,功能材料的结构设计越来越引起人们的重视。通过微观组织结构设计、制备方法设计、系统设计和材料设计,可以对材料的性能实现人为调控,以构筑具有特殊性质的材料体系。具有小的粒径和大的比表面积的纳米颗粒显示出优异的能量储存和转换特性以及广阔的应用前景。课题组多年来从事氧化物纳米材料的结构设计,并对其在能量储存和转换领域的性能进行了深入的机理探讨和系统的应用研究,设计制备了大量具有特殊结构的氧化物纳米材料,完善了氧化物纳米材料的制备、结构和性能相关的理论和方法,在能量储存和转换领域形成了独特的研究优势和特色。为今后高性能纳米结构储能材料,尤其是具有特殊储能和光电性质的纳米结构材料的设计制备和开发奠定了坚实的基础。该项研究立足于国际前沿,注重材料制备中的关键技术和材料的创新应用,具体研究方法和内容如下:

1) 采用水热法和溶胶凝胶法,通过控制工艺条件,获得了中空球 TiO_2 和花状 $CaSnO_3$,阐明了特殊形貌氧化物材料化学能-电能之间的能量转换机制,揭示了材料在锂离子电池活性电极中的潜在应用;

2) 采用温和的室温复分解技术,实现了对锂离子电池尖晶石正极材料的氟化物和磷酸盐表面修饰,显著提高了正极活性材料的循环稳定性、结构稳定性和热稳定性,并深入研究了改性机理;

3) 采用金属离子掺杂和碳包覆双修饰技术,显著改善了锂离子电池聚阴离子正极材料的结构稳定性和倍率特性,揭示了电化学环境下金属掺杂、碳包覆和材料离子扩散、电子导电性之间的关联；

4）针对光电转换应用，设计了 N719-BaSnO$_3$ 和 Co:ZnO 体系，揭示了掺杂和复合后材料光电性能和表面光伏特性，阐明了能带结构与荧光特性和表面光伏特性之间的微观联系。

课题组先后承担完成国家自然科学基金面上项目、河南省高校科技创新团队支持计划、河南省科技创新杰出人才计划等项目。基于以上项目研究，关键技术申请国家发明专利 5 项，其中 3 项已获授权，2 项科技成果通过河南省科技厅组织的成果鉴定；发表系列 SCI 收录论文 34 篇，其中 20 篇核心论文总引用次数 423 次，8 篇代表性论文被 SCI 他引 252 次，5 篇为中国科学院文献情报中心 JCR 一区论文，1 篇一区论文被 ESI 数据库筛选为"高被引论文"。课题执行期间，培养博、硕士研究生 24 人，其中 3 人（次）获得省级、校级优秀硕士学位论文。

● 本征低热导热材料中的量子调控机制

该项研究获 2019 年度河南省自然科学奖二等奖。

热电转换器件能够实现热能和电能的直接相互转换，可用于余热温差发电、电子器件冷却等领域，是能源研究领域的热点。课题组从物理机制层面揭示了现有高性能热电材料晶体结构-电子结构-热电参数之间的普适关联规律和特殊行为，并以此为基础探索了提高相关材料热电性能的新途径，为实验研究提供了理论参考。主要成果如下：

1）提出了 SnSe 和 BiCuSeO 等层状热电材料的层间和层内导电的物理机制，揭示了 n 型和 p 型电导率各向异性强的原因。2017 年，国际热电学会主席杨继辉在 *Energy & Environmental Science*（IF:30.067）上发表的论文中对该项研究给予肯定。

2）从理论上设计和优化了几种具有本征能谷简并的热电材料。发现 CuGaTe$_2$ 在导带底出现了多能谷汇聚，使 n 型 CuGaTe$_2$ 的热电性能得到了明显的提高。国际热电领域著名专家、美国加州理工学院教授 G. Jeffrey Snyder 对该项研究给予了肯定。

3）课题研究发现不同结构的 In$_4$Se$_3$ 纳米管的态密度呈现明显的锯齿状，且(2,2)构形的纳米管费米面附近的态密度明显增强，意味着其电输运性能会得到大幅度提高。通过引入镜面散射概率参数 p，准确地描述了界面对晶格热导率的影响。

4）研究发现 A$_5$M$_2$Pn$_6$ 化合物中 M 位原子价态、A 位原子半径、A 位原子含量等的差别使得阴离子基团形成不同的链状排布，进而显著影响其热电特性。

课题组先后承担国家自然科学基金面上、河南省高校科技创新团队支持计划和河南省科技创新杰出青年基金各 1 项。所发表的 8 篇代表性论文被 SCI 引用超 150 次。部分研究成果被 Science、Energy and Environmental Science、Physical Review Letters 等刊所发论文给予肯定。课题执行期间,培养研究生 25 人,其中 1 人获河南省优秀硕士论文、1 人获河南省优秀博士论文。

● 高质量量子点发光材料与高品质 QLED 的设计与构筑

该项研究获 2019 年度河南省自然科学奖二等奖。

荧光量子点具有适于溶液法制备、光谱可调、发光效率高等突出特点,在照明显示领域极具应用前景。基于荧光量子点构筑的电致发光器件(QLED),具有光谱覆盖范围更宽、色纯度更高、能耗更低等优势。应用于智能手机、大尺寸显示屏和照明等领域时能够显著提高 LED 的品质,弥补现有技术在面光源照明和高性能显示中的不足,成为重要的前沿显示与照明技术手段。高质量量子点发光材料的合成是提升 QLED 性能的重要基础,而高性能的 QLED 原型器件是实现量子点电致发光器件应用的前提。申怀彬团队在这一领域具有近 10 年的学术积累,在高质量荧光量子点的设计合成以及 QLED 器件构筑等方面,开展了系列研究工作,实现了量子产率大于 90% 的高稳定核壳结构量子点材料的可控制备,是国际上率先报道可控构筑非闪烁荧光量子产率达到 100% 的蓝色核壳结构量子点体系的课题组。将高质量量子点的合成技术拓展到了绿色、红色、近红外量子点材料体系并实现了高性能可见-近红外 QLED 构筑技术,主要包括蓝色 QLED 的外量子效率国际上率先突破 10%、绿色 QLED 寿命和蓝色 QLED 亮度纪录的保持者,实现了红色 QLED 外量子效率大于 10% 且寿命大于 5 万小时、深红-近红外 QLED 外量子效率大于 5%,是目前深红-近红外最高效率的保持者。

● d^0 和 d^{10} 电子组态光催化材料的无机复合改性和能带结构

该项研究获 2016 年度河南省科技进步奖三等奖。

随着现代工业技术领域的飞速发展,以煤、石油和天然气为主的传统化石能源的消耗量急剧上升。化石能源具有不可再生性,持续增长的传统能源消耗将导致这类资源面临枯竭。同时,在化石燃料消耗过程中会引起全球气候变化。因此,探索新型可再生洁净能源和如何治理环境污染问题引起了世界范围内的广泛关注。光催化技术是一种利用太阳光和半导体材料实现清洁能源制备和环境净化的新技术,开发可见光光催化材料是这一领域中重要的研究方向。d^0 和 d^{10} 电子组态氧化物光催化材料大多不吸收可见光,该项研究主要是 d^0 和 d^{10} 光催化材料的无机复合改性和能带结构研究。

氮的 2p 轨道比氧的 2p 轨道具有更负的位置,可以在氧化物的价带顶形成局域能级,甚至和氧元素形成杂化能带,这样可以缩小带隙实现可见光吸收。碳氮化合物具有较广泛的光吸收,可以用来修饰氧化物的光吸收性能。本课题主要是以尿素为原料,通过控制投入剂量,一步实现了氮掺杂和 $g-C_3N_4$ 复合材料的制备,实现可见光光催化性能。通过 d^0 和 d^{10} 电子组态氧化物的大量研究,以上方法具有普适性。

具有 d^0 电子组态的铌酸钠具有赝钙钛矿结构,其三个低米勒指数面的晶面具有不同的原子排布,这影响其物理化学性能。课题组利用脉冲激光沉积技术通过单晶衬底诱导外延生长不同晶面的单晶薄膜,通过原位光催化降解方法研究其光催化性能的各向异性。结果表明,各个晶面具有不同光催化性能,(111)具有最高的光催化性能。此外,还发现其光催化性能与其铁电性能具有密切关系。

银的 4d 轨道会与氧的 2p 轨道杂化,提高含银氧化物的价带顶,实现可见光吸收。针对以上理论,我们采用电化学方法在实验上确定了银的轨道在调控 d^0 电子组态固溶体能带结构中的作用;利用组分调控法确定了银在调控 d^{10} 电子组态氧化物能带上的作用。

该项研究立足领域前沿,注重制备技术的创新和扩展性及物理学基础问题,获得以下科学发现:

1)阐明了尿素与氧化物共同煅烧后产物的组成,揭示了产物在实现 d^0 和 d^{10} 电子组态氧化物可见光光催化性能中的作用,完善了一套有效提高可见光光催化性能的无机复合光催化材料的方法。

2)揭示了具有 d^0 电子组态的铌酸钠光催化性能各向异性的原因。

3)实验上证明了银的轨道在调控固溶体和复杂金属氧化物能带结构中的作用。

课题组先后承担国家自然科学基金青年基金、中国博士后基金面上项目等项目。发表 SCI 论文 14 篇,其中 JCR 一区 1 篇、二区 7 篇、三区 6 篇,总引用次数 181 次。8 篇代表性论文被 SCI 引用 157 次,平均引用次数 19.6 次。课题执行期间,培养硕士生 8 名,其中 1 人获得省级优秀毕业生、1 人获得国家奖学金。

● 无膦法可控构筑高质量纳米晶及其光学性能

该项研究获 2017 年度河南省科技进步奖三等奖。

李林松团队基于高温热解法和配体修饰技术手段对无机半导体纳米材料的制备进行系统的研究,建立了一套具有自主知识产权的"绿色"无膦法制备技术,完善了无膦法制备发光半导体纳米材料的相关理论和方法。在无膦法设计合成高质量荧光纳米材料及其自组装方面形成了独特的研究优势和特色。运用该技术制备的荧光纳米材料具有单色性好、色纯度高、光谱覆盖范围大、发光效率高及稳定性好的特点,这为半导体纳米材料的低毒性、低成本、高质量及规模化制备和基于荧光纳米材料的高性能电致发光器件的设计构筑奠定了坚实的基础。课题组先后发表 SCI 论文 50 余篇,授权发明专利 6 项。其中,8 篇代表性论文被 SC 他引 149 次,20 篇核心论文被 SCI 他引 263 次。

- 铜锌锡硫硒太阳能电池材料的制备及其应用

该项研究获 2017 年度河南省科技进步奖三等奖。

武四新团队在 CZTSSe 纳米结构材料的制备、稳定分散、薄膜的制备及硒化、薄膜太阳能电池器件的组装和结构优化等领域开展了大量的研究工作,积累了丰富经验。对铜锌锡硫纳米材料的溶剂热法制备及结构调控开展了系统研究,通过反应条件的控制,可以在溶剂热制备铜锌锡硫的过程中控制铜锌锡硫纳米材料的形貌、结构和尺寸,并对亚稳态纤维锌矿铜锌锡硫纳米晶的制备及结构调控开展了系统研究,发现亚稳态铜锌锡硫比稳态锌黄锡矿铜锌锡硫拥有更好的光电性质;开发了油溶性纳米晶转水溶性纳米晶的配体交换方法,发现表面修饰可以显著提升其传导能力和电催化活性;阐明了 CZTS 形貌调控对其电催化活性的影响机制,开发出了简单高效的 CZTS 对电极材料制备方法;开展了以一维有序单晶 TiO_2 纳米阵列为电荷收集电极,通过层层组装技术构筑三维耗尽体相异质结 CZTS 吸收层薄膜,并对 TiO_2 纳米阵列电极结构对 CZTS 光伏器件性能的影响以及对纳米尺度范围内表界面间光生电荷分离、传输过程和机理的深入研究;基于 CZTS 良好的光吸收性能和电催化活性,研究了铜锌锡硫纳米材料的光催化制氢性能,不仅能够从侧面研究铜锌锡硫的光电转换能力,而且能够扩展铜锌锡硫纳米材料的应用范围。

- 宽带隙半导体 SiC 的制备、微结构和磁性的实验与理论研究

该项研究获 2018 年度河南省科技进步奖三等奖。

碳化硅是具有优异物理和化学性质的第三代宽带隙半导体材料,在高温、高频和大功率器件领域的应用具有优势。随着电子信息技术的发展,稀磁半导体能同时利用

电子的电荷和自旋属性，因此受到了人们的广泛关注。

课题组多年来一直从事 SiC 材料制备技术的研究，深入探讨了微观局域结构和宏观铁磁性能的关系，采用基于第一性原理的理论计算和实验测试相结合的方法研究了铁磁性的起源。本课题完善了 SiC 稀磁半导体材料的制备、结构和磁性研究的理论和方法，加深了对其铁磁性起源的理解，为具有室温铁磁性的一维纳米材料的设计制备和器件制作奠定了坚实的基础，获得如下科学发现：

1）在 Si(111) 衬底上制备了高结晶质量的 3C-SiC 薄膜，阐明了生长机制；揭示了 C 面蓝宝石衬底上 3C-SiC、6H-SiC 薄膜可控生长的方法。

2）研究了过渡金属（Mn、Fe、Co）掺杂 SiC 纳米材料的磁性，通过同步辐射扩展 X 射线吸收精细结构谱技术阐明了掺杂元素的占位，揭示了磁性起源的物理机制，为开发 SiC 基稀磁半导体纳米器件提供了实验和理论依据。

3）对 6H-SiC 体单晶进行非磁性金属、非金属离子注入，研究了它们的室温铁磁性，结合正电子湮没技术和第一性原理计算，阐明了其磁性起源。

◉ 高性能二次电池关键材料改性创新研究及其应用

该项研究获 2021 年度河南省自然科学奖三等奖。

以高性能二次电池为代表的新型能源系统成为缓解能源短缺与环境恶化现状的必然选择。目前，以液态锂离子电池为代表的第一代二次电池已经在便携式电子设备中得到广泛普及，进一步地提高其能量密度和安全性，实现在电动汽车、大型储能中的应用虽得到了多项国家政策的明确支持，却仍面临着诸多科学与技术瓶颈。该课题聚焦于高性能二次电池关键正负极材料、固态电解质及其修饰改性的理论与方法，开展深入系统的基础与应用基础研究，与习近平提出的"面向世界科技前沿、面向国家重大需求"的研究定位高度契合。课题组注重性能调控的内在机理探究、性能优化的关键技术创新及其在产业化中的实际应用，主要研究内容与研究特色如下：

1）二次电池关键材料的结构设计与性能调控。通过高性能二次电池电极和电解质材料的结构设计和功能化界面构筑，系统探究储锂/钠机制，阐明特殊形貌电极材料化学能-电能之间的能量转换机制，揭示材料结构特性与电化学性能之间的构效关系。通过微观结构的设计和优化，构筑了高性能的二次钠/锂离子电池电极材料和新型固态电解质，统一了表面包覆对改善电极电化学性能的机理认识，提出了表面包覆掺杂一体化的改性新策略。

2）高兼容性全固态电解质与电极界面构筑：阐明了固态电解质在离子输运机制中的结构基础与速控步骤，在此基础上构筑了兼容性较强的掺杂包覆一体化的电解质-正极材料固固界面；揭示了电解质-电极材料界面与固态电池结构、锂离子快速输运、脱嵌锂机制以及与之密切相关的两相乃至多相界面演化过程的关联性。

3）电极反应动力学的原位跟踪与监测。利用原位 XRD 技术，实现锂/钠离子二次电池电化学循环过程的原位结构相变表征，降低结构变化对电荷转移的影响，从而达到对电极反应动力学的同步跟踪与监测。

该项研究系统揭示了二次电池关键材料结构设计与性能调控的规律，完善了材料的改性理论、拓展了新的改性技术，为高性能储能材料的设计构筑和应用奠定了坚实基础，不仅推动了物理、化学、工程等多学科在储能领域基础研究及产业化应用的交叉融合，而且对高能量密度高功率密度动力电池的优化构筑与推广应用在新能源领域具有巨大的市场潜力与商业应用价值。课题组研究工作扎实，成果丰硕，先后承担完成国家重点研发计划子课题、国家自然科学基金面上及青年项目、河南省高校科技创新人才及团队等 10 余项高级别项目。基于以上研究，关键技术申请国家发明专利 35 项，其中 15 项已获授权，并有 1 项已顺利实现成果转化，取得了一定的经济效益；发表 SCI 收录系列论文 28 篇，其中 ESI 高被引论文 2 篇，期刊封面论文 1 篇，一区论文 18 篇；8 篇代表性论文被 *Adv. Mater.*、*Nat. Commun.*、*Nano Lett.* 等刊发表的论文引评 501 次，得到加拿大皇家科学院院士张久俊、Xueliang Sun，澳大利亚皇家科学院院士 Shi Xue Dou，以及国家杰青麦立强等国内外同行的正面引评。课题执行期间，培养硕士研究生 20 人，其中 3 人获省级优秀硕士学位论文，5 人获校级优秀硕士学位论文。

● 无铅氧化物材料的光伏性能调控和介电、光电性能研究

该项研究获 2021 年度河南省自然科学奖三等奖。

无铅氧化物铁电材料因具有易于制备、环境友好等优势而在新型存储器、压电制动器、能量转换器和光电探测器等方面具有重要的学术意义和潜在的应用价值。该课题以铋基多元氧化物为研究对象，涉及薄膜、块材陶瓷和纳米材料，围绕原位动态应变和铁电极化对 $BiFeO_3$ 铁电薄膜光伏性能的调控、$Bi_5FeTi_3O_{15}$（BFTO）/CuO 光伏效应增强的物理机制、表面等离激元改善铁电薄膜的光伏效应、铋层状结构陶瓷块材介电压电的掺杂调制和性能优化、铋层状结构纳米材料在染料敏化太阳能电池对电极中的应用等方面开展了颇具特色的研究工作。该项研究丰富和发展了多元氧化物电介质物理的研究内容。

第六章 学人纪事

一、格物穷理求真知　自强不息传薪火

在河南大学金明校区镜如湖畔,有一组红色的琴键楼,庄重文雅、朴实大方,物理与电子学院便坐落于此。近百年来,无数物理人在这片热土上,挥洒汗水和热血,创造了一个又一个辉煌。走进物理与电子学院 A 座三楼大厅,首先映入眼帘的是一排照片墙,其中,有一个名字格外闪耀,他就是河南大学理工科复兴的奠基者、感动河大人物——朱自强先生。

河南大学物理与电子学院的前身是中州大学数理系,始建于 1923 年,是河南大学设立较早的院系之一。建系初期,不乏大师级人物到此教书育人,如赵维汉、赵松鹤、程锡年等就是那个时期的杰出代表。他们放弃国外优厚待遇,毅然回国来到河南大学,即使在流亡办学的艰难时刻,仍然与河南大学同呼吸、共命运,谱写了一曲曲壮美的战地办学赞歌。新中国成立后,河南大学经历了多次院系调整,学科与专业发展相对缓慢。1980 年代中期,在学校的大力支持和全院师生的共同努力下,学院的专业和学科建设得到快速发展。历经坎坷荆棘路,终得花开满园香。经历了各种曲折和风雨的物理与电子学院,终于迎来了发展的"黄金时代",这个时代的到来与朱自强息息相关。

(一) 燃尽一生、筑梦物理:朱自强与河南大学

朱自强(1934–1995),幼名钱承熹,江苏无锡人,物理学家,国家有突出贡献专家、国务院政府特殊津贴专家,曾任中国化学学会有序分子膜专业委员会委员、*Molecular Science* 杂志编委等职务。朱先生早年就读于上海圣芳暨中学,毕业后升入南开大学物理系,师从著名物理学家胡刚复,大学毕业后到吉林大学工作。胡刚复是中国实验物理学奠基人之一,在哈佛大学取得博士学位后即回国办学,培养了一大批科学家,如吴有训、严济慈、李政道、余瑞璜等。朱自强是他的关门弟子,也许因为师出名门而知识渊博,多方面才华令人惊叹。他是物理学家,同时也是中国化学学会永久会员,还出版了 3 部数学专著,对生物学、医学也有很深了解,还精通英语。

● 结缘河南大学

1980 年代初期,为了寻找更能实现自己学术抱负的实验条件,朱自强尝试换个单

位。当时,辽宁、广东等地的一些高校都极力招揽他。他也曾南下广东某高校,发现学校能为他提供的实验条件难以达到他的期望,只好怏怏北归。1985 年,河南大学刚刚恢复校名不久,急需调整学科结构,开启理科复兴之路。据时任河大人事处副处长符瑞生介绍,那时学校组织了一个北上南下的代表团,在全国各地招揽高层次人才。恰巧,在吉林大学读博士的河南籍学生李蕴才即将毕业,河大物理系青年教师赵辉也正在吉林大学读研究生,两人都曾受教于朱自强,时常去先生家中看望。他们及时把河南大学急需人才的情况告诉了朱自强,并引荐他考虑去河大工作。正在吉林大学招聘人才的河大副校长贺陆才也邀请朱先生到河南大学考察。1985 年暑假期间,朱自强一家和李蕴才一道到河南大学实地考察。

朱自强初到开封

"到开封后,感觉各方面的条件都比较差,路面坑洼不平、房屋破旧,屋里又黑又暗,周围环境也比较糟糕。"这是朱自强夫人李秀茹对开封的第一印象。她非常失望,在招待所叮嘱先生无论如何也不能来河大工作。在接待宴会上,李秀茹在桌子下面偷偷用脚踹朱自强,暗示他不要答应校领导的邀请来河大工作。当时,校党委书记韩靖琦、校长李润田接见了他们,副校长申志诚曾多次找朱先生聊天谈工作直至深夜。学校领导非常重视朱自强,爽快地答应了他对实验设备的所有要求,在当时进口设备极贵也很难买的情况下,下决心拿出近二百万元购置设备、搭建理工科发展平台。正如李秀茹所说,朱先生是一个事业心极强的人,总想干出一番事业,而河大领导们的真诚、热情以及提供的优厚实验条件深深打动了他。他把夫人之前的嘱咐抛在了脑后,非常爽快地当面答应学校领导立即到河大工作。

1985 年 10 月,朱自强带着对河南大学的深情厚谊和大干一场的决心,告别夫人,带着不满 3 岁的女儿,踏上了中原这片陌生的土地,从此再也没有离开过。

● 点燃理科复兴之火

1980年代初,河南大学理工科科研基本处于荒芜状态,科研条件几乎为零,既没有设备,也没有实验用房。在重重困难面前,朱自强没有丝毫退却,带领师生亲自动手,在明伦校区原物理楼东侧一楼大厅搭建了分子组装实验室。做一个大木框,用塑料布围起来,便是超净工作间;用七拼八凑的桌子改建,即为实验台。油漆掉了自己刷,桌子坏了自己修。朱先生的学生杜祖亮回忆道:"我来实验室做的第一个实验,就是把一张桌子腿固定好、并擦干净。那时学会的油漆工、泥工、玻璃工,成为我在以后实验室建设、自行设计制作设备的强项。"就这样,通过艰苦努力,物理系不久便创建了固体表面研究室。这是自1950年代院系调整后,河南大学建立的第一个真正意义上的科研实验室。从此,河南大学理科科研开启了崭新的篇章。随后建立的河南大学第一个物理学硕士点(即凝聚态物理硕士点),确立了物理学科的发展方向,为河南大学物理学科及实验室建设与发展奠定了坚实基础。

朱自强邀请北京大学化学系主任孙承锷到校讲学

在河南大学理工科建设"百废待兴"的那些日子里,朱自强从一个"烧杯"开始做起,用扎实丰富的专业知识、鞠躬尽瘁的科研精神,带领一批饱学之士"开疆辟土"。他从没有怨言,与青年人一起搭设备、做实验、阅读文献,一起加班加点,甚至不分昼夜。他常说:"一个科学家没有八小时内外,必须全力以赴,脑袋中时刻装着问题。"他的工作和生活从来没有界限,也从没有节假日。

卓有成效的工作,使这个年轻实验室的学术影响迅速提升,受到国内外同行的广

朱自强同李润田(左三)赴香港参加学术会议期间与邵逸夫(左二)合影

泛关注,吸引了吉林大学、复旦大学、中国科技大学、西安交通大学以及中国科学院等多个单位的学者、硕博士研究生纷纷申请来实验室开展合作研究。朱自强非常注重学术交流,比如邀请世界著名物理学家袁家骝、北京大学原化学系主任孙承锷等十多位国内外知名专家学者到学校作学术报告,他本人也多次受邀先后到法国、德国、日本、俄罗斯、加拿大等国家进行访问、演讲和科研协作,并且与这些国家的科研机构和多位世界知名学者建立了紧密的学术联系。通过广泛的学术交流与合作,营造了浓厚的学术氛围,提升了学校的学术影响力。

朱自强在国际会议上与同行交流

1987年，国家自然科学基金委刚成立，朱自强即获得资助，这也是河南省第一个国家自然科学基金项目。1988年，经过前期的精心筹备和多方运作，在河南大学召开了"中国化学学会LB膜专业组成立大会暨全国第一届LB膜学术研讨会"。国内外诸多专家、学者受邀参会，就相关专业热点问题进行探讨，推动我国分子科学、纳米科技等领域的发展，奠定了河南大学在该领域研究的基础地位。前来参会的教育部原副部长韦钰院士，看到朱自强带领的团队在如此艰苦的条件和短暂的时间内所取得的成绩，感叹地说："真是拼命三郎啊！"

● 严于律己的大师

与对工作的高要求相比，生活中的朱自强却非常俭朴，甚至到了苛刻的地步。刚来河南大学时，他和学校谈了许多关于实验室建设方面的想法和要求，对生活待遇问题却只字未提，甚至都没有和家人商量。夫人因为要照顾年迈的父母，离不开长春，他便孤身一人带着幼女来到开封。由于来得匆忙，学校先把他安排在招待所里住了一段时间，后来搬到明伦校区西门外一套仅30 m²的楼房，在那里一住就是五年多，直到1991年才搬进明伦校区南门对面的教授家属院。至于平常使用的一些座椅、床板、厨具等生活用品，都是从别的老师家借送的。

朱先生自幼生活在上海，后到长春工作生活，初到开封的头几年，生活上很不适应，尤其是不会使用炉子，日常生火煮饭成了大问题，在冬天生火（取暖）就更艰难。有一个场景一直深深印在时任物理系党总支副书记景克通的记忆中："有一个冬天的早晨，我从家到单位上班的路上，走到北道门附近，看到朱先生顶着凛冽的北风，冒着漫天大雪，手里拿着半根油条边吃边走。到学校后，我就和时任物理系副主任米新宾老师商量如何解决朱先生一日三餐的问题。米老师孩子在外地上学，当时家里就剩米老师夫妇两人，并且两家又相距不远，米老师提出让朱先生到自己家里搭伙吃饭，这样就解决了朱先生的后顾之忧，可以让他全身心地投入到工作中去。"此后好长一段时间，朱自强就在米新宾家吃过饭后直接去单位上班，与米新宾建立了深厚的感情。当时学校经济条件不是太好，即使是引进的学科带头人，也没有额外津贴，生活比较清苦。有一年冬天，朱先生拉着自己女儿的手，无奈地说："快过年了，还有5块钱，买一包烟，买一块豆腐，再买几个鸡蛋，过几天就发工资了。"虽然朱先生的生活过得比较拮据，但他时常请学生吃饭，并且每次都是精打细算，绝不允许浪费，即使是一粒米掉在桌上，他也要捡起来吃掉。平时抽的烟是2毛多钱一包的"武林"牌香烟。有一次，他的学生去北京出差，因工作需要买了一盒"红塔山"牌过滤嘴香烟，回来时还剩几根，就拿去给朱先生抽，他当场把学生训斥一通："干什么，抽这么贵的烟？"

朱自强严于律己，是众所周知的。他从不愿多花公家一分钱，即使病重期间也是如此。从发现患有白血病到去世的四年间，朱先生仅仅在郑州大学一附院和淮河医院住了两次院，时间加起来还不到三周。平常除了定期去医院检查外，都是自己买些药物在家治疗，而且从不拿发票去报销。从郑州大学一附院出院时，医生给他开了一些营养药物，他知道后，坚决要求退掉。平时无论出差还是看病，朱自强从不让单位派车，都是学生用自行车或三轮车把他送到火车站或医院。1992 年，他去日本参加国际会议，学生用自行车带他去火车站，因当时开封市禁止自行车带人而被警察拦住。当学生出示他的工作证说明情况时，警察愣住了，满脸的错愕和不解：用自行车带着一位河南大学系主任、老教授，去火车站乘车参加国际会议，太不可思议。从日本回来后，朱自强自己掏钱买了一辆三轮车，有事就找学生带着他去办。这时他的病情已经加重，白细胞激增，一个轻微的感冒，就会引起高烧昏迷。即使在这样危险的情况下，他仍然坚持到学校上班。1995 年 10 月，朱自强再次高烧昏迷，学生们用三轮车带着他从校医院转往淮河医院抢救。在一个十字路口被交警拦下了，学生们含泪诉说情况后，交警催促道："快走、快走！"这是朱自强最后一次乘坐三轮车。两周后，他永远离开了他挚爱的、为之奋斗一生的物理事业。

1991 年 8 月初，年近六旬的朱自强正在集中精力申请国家高技术研究发展计划——"863"项目，这也是那时河南省获批的第一个"863"项目。当时，他还要乘火车取道莫斯科，前往巴黎参加国际会议。在北京出发前，他和邹广田院士一起对申请书做最后一次修改，直到凌晨三点多才定稿。三小时后，他登上前往莫斯科的列车。经过七天七夜的颠簸，终于到达莫斯科，而此时正逢苏联解体，大批坦克开进莫斯科，一时秩序大乱。长期的劳累，加上旅途颠簸，高度近视的他突然视网膜脱落，幸好遇到中国科学技术大学的一位教授，在其帮助下才勉强赶到巴黎。在巴黎，眼睛手术很顺利，但不幸的是，查出他血液有问题，被确诊为慢性淋巴性白血病。回国后，学校要安排他去北京、天津等地的医院治疗，都被他谢绝。他知道，这种病当时医学上尚无好的治疗办法，与其被动治疗不如主动工作。平时，他仅在家里吃一些简单药物，便继续坚持上班、上课。他说，我的时间不多了，一切工作都要抓紧，不能对不起这些孩子。从此朱先生的工作节奏更快了。他一方面加快科研进度，另一方面加强与国内外合作，期望实验室能尽快上一个台阶。他筹划着把当时各种资源集中起来，建一个分子科学实验室，让师生们不用再出国门，就能从事分子组装、纳米材料、生物科学的实验和研究。科研经费紧张，他就拿出自己不多的积蓄购买实验试剂等物品。

通过不懈努力，河南大学于1993年获批凝聚态物理硕士学位授权点，同时也带动了物理学以及化学、生物学等学科的快速发展。随后，朱自强马不停蹄，立即筹划布置博士点的申报工作。这期间，他的病情不断恶化，时常高烧昏迷。夫人及同事劝他停下工作住院治疗，要不就回东北静养一段时间。可他总是说："现在是关键时期，我不能离开。一离开，实验室就瘫痪了，人就散了。"

● 高风亮节的先生

1994年，朱自强的白细胞已上升到5万，并持续出现高烧昏迷，不得已才前往郑大一附院接受治疗。经过一周化疗，病情刚得到控制，他就坚持出院，说还要给学生上课。此时，朱自强身体极度虚弱，行走十分困难，但还是坚持让学生用三轮车带着他，搀扶着上楼，坐在藤椅上讲课。

科研环境的艰苦，呕心沥血的工作，加上疾病的折磨，使朱自强的身体几乎到了崩溃的边缘。多年后大家才知道，当年年近六旬的他，为何坚持坐火车长途跋涉取道莫斯科去巴黎开会，那是为了节省紧张得不能再紧张的科研经费。大家时常设想：如果不是这次长途跋涉的颠簸和劳累，也许朱先生就不会得上白血病；如果他患病时，能及时进行治疗、休养，也许还能亲睹物理学科和科研平台今天的发展。但大家都清楚，以朱自强的性格，让他放下工作，那是肯定行不通的。在生命的最后岁月，是科研带来的踏实与愉悦，支撑着他从容面对事业的艰辛和身体的痛楚。

1995年10月中旬，朱自强邀请纽约大学一位教授来访，彼此都是具有广博学识的专家，听着他们天马行空的对话，大家多么希望他体内的病毒能随之烟消云散。但第二天，他又一次突然高烧昏迷，学生们用三轮车送他去医院，盼望还能像往常一样，他能尽快转危为安。可他的身体开始出血，病毒已转移到全身。那是一个周末的晚上，血站已经没血可供，大家纷纷要求抽自己的血，可医生说这已经不是输血能解决的了……朱先生最终没能挺过这一关。1995年10月29日凌晨，当新的一天即将来临时，朱自强却永远离开了这个世界。在最后深度昏迷的时刻，他口里还喃喃地说："文章……文章……"他心中有太多的眷恋和不舍，他开创的事业刚进行了一半，他刚过61岁生日，他女儿才13岁，他的爱妻在东北还没有调来，他的学生还等着他上课……这次发病前,他的日程排得满满的,一篇文章要一看再看、要去北京参加国际学术会议,要主持南开大学余宝龙的博士论文答辩……在朱自强病逝的前一天,短暂清醒的他,开口说的第一句话就是:"文章修改得怎么样,学位点申请进展如何"。

从1985年10月到1995年10月,朱自强在河南大学工作整整十年。大家在清理他的遗物时发现,他所坐的藤椅还是十年前那把藤椅,所用的锅、床板等还是十年前别人借送的。

朱自强从大学毕业就被打为右派,一生中最好的年华都是在社会动荡中度过的,但先生依然保持着对科学的执着热情;在事业和生活长期极度困难的情况下,依然严于律己、淡泊生活;在生命的最后几年,在绝症肆虐下经常长时间高烧昏迷,但仍顽强拼搏,争分夺秒地工作,恪尽职守、不计名利、甘于奉献,把整个生命都献给了他热爱的科研和教育事业。他孜孜不倦地关心、指导、帮助年轻人成长。他先做人后做事,以及在育人中注重思维方式和能力训练的教育思想,在生活和科研上带动和影响了一大批人。

(二)桃李不言,下自成蹊:朱自强和他的学生们

2005年,在学校举办纪念朱自强逝世十周年的学术报告会上,时任校长关爱和说:"朱自强先生的一生是奋斗不息的一生,他为河南大学理科学科发展作出的贡献,他崇高的精神和人格,永远铭记在河大人的心中,他为河南大学创建的科研基地和取得的科研成就将永远成为我校进一步发展的基石。"朱自强离开了,但河大的理工科事业发展起来了。十年之于漫长的历史不过是一朵翻卷的浪花,但朱自强却用自己崇高的人格魅力和强大的科研能力为河南大学留下了弥足珍贵的精神财富与蓬勃向上的物理事业,还有一大批成长起来的学术人才。其中,有的是受过朱自强亲炙的物理学专业的嫡传弟子(如张伟风、杜祖亮、顾玉宗等),有的是青年教师以及出于仰慕和学习的缘故聚集在朱自强门下的非物理学专业的青年学者(如宋纯鹏、黄亚彬、张治军等),无论出于何种原因,来自哪个专业,朱自强都以他博大的胸怀接纳了这些满怀热情、渴望探索的年轻人。

也许是继承了胡刚复的遗风,朱自强基本上每周至少召集学生们到家里聚会一次。做上一大桌饭菜,让大家一边享受着美食,一边追随着他的思想海阔天空地驰骋:从对光能的利用谈到生命的进化,从化学的本质谈到物理学的变迁,从光合作用谈到

人的血红蛋白、动物的视觉过程等。学生们在科学的海洋中徜徉，深受启迪，勤于思考，勇于探索，一步步走入科学的殿堂。回忆那时的情景，杜祖亮不无感慨地说："朱先生总是把我们当做自己的亲人看待。当时实验室聚集了20多位青年教师和学生，除了物理系的以外，还有化学系、生物系的，我们定期去朱先生家聚会。"杜祖亮从1988年考取河南大学研究生开始，便一直跟随朱自强，尤其是在朱自强重病期间担负着科研和照顾恩师的双重任务。熟悉杜祖亮的人都知道，朱自强之于他犹如慈父一般。在朱自强的指导下，他学会了木工、泥工、油漆工和玻璃工等技术活，掌握了分子科学与纳米科技的基本知识与研究方法，站到了特种功能材料研究领域的前沿。而他真正

朱自强和学生们一起游园

从朱自强那里继承而来的是严谨治学的态度，是对科研的由衷热爱和对事业的矢志坚守。令他记忆深刻的是初次使用打字机打印论文那件事：朱自强亲自起草修改后，已是凌晨三点了，交给几个学生打印出来。那时大家对打字机都不熟悉，几个人轮番上阵打到早晨才完成。检查时，发现文中漏掉了几个字。他们觉着就这么一处错误，老师不一定看得出来，就想糊弄过去。结果，认真细致的朱自强醒来后一读立马看出了打字的问题——令他们面面相觑、羞愧难当。正在想如何面对老师时，朱自强却一言不发，换上新纸很快把文章从头至尾打了一遍，特别令人佩服的是文中竟然没有一处错误！学生们就是这样在朱自强的言传身教中逐渐成长了起来。也正是带着朱自强的殷殷期盼，杜祖亮三十年如一日，在困难面前不放弃，在"下海潮"中不动摇，一头扎进纳米结构材料与器件、光电材料、分子组装等方面的研究中，取得了累累硕果，发展了基于分子组装的纳米结构构筑技术，提出并建立了基于 Langmuir 膜的双模板仿生矿化材料合成新方法，阐明了一维纳米材料的受控表面态的光电输运模型，发现并阐明了微米/纳米有序结构的光电增强现象，提出了利用多尺度有序结构实现高效光电增强，从而为全面提高薄膜太阳能电池效率建立了新思路。如今的他，身兼河南大学材

料学院院长和特种功能材料教育部重点实验室主任,继续在"顶天立地"的科研征程中不断开疆拓土,砥砺前行。30年来,他继承朱自强的优秀品质,在工作岗位上奋力拼搏、耕耘不辍,为河南大学理工科发展作出了重要贡献。

张伟风常说:"没有朱先生的培养,就没有我的今天。先生严谨的治学态度和高尚的做人品格,令我终生难忘。能为河南大学做点事,是我对先生最好的报答。"他自1987年本科毕业后跟随朱自强攻读硕士学位,深得真传。2000年从南京大学博士毕业时,张伟风有太多理想的单位可供选择,但都被他一一放弃,最终回到了阔别数年的母校。因为,他太了解河南大学的物理学科了——人才的匮乏,学科、学位点建设的滞后,正制约着河大理工学科的发展——使命感和责任感油然而生,卷起行囊,匆匆而归。自2002年肩负起河南大学物理与电子学院院长的重任之后,学科、学位点与平台建设不断取得新突破;凝聚态物理于2003年获得博士学位授予权,新增了理论物理、微电子与固体电子学硕士学位授权点;2005年物理学获批一级学科硕士学位授予权;2007年新增物理学博士后流动站;2008年,获批建设河南省光伏材料重点实验室;2012年物理与电子学院被遴选为河南大学首批研究型学院;物理学、电子科学与技术和光学工程先后入选河南省第七批、第八批、第九批重点学科。也许是继承了朱自强的遗风,张伟风做事认真、一丝不苟。他常说:"作为科研工作者,不能浮躁,更不能急功近利。踏实,不是原地踏步走,是要勇攀高峰。"在他的门下,学生的科研论文没有哪一篇不是在实验室经过千锤百炼完成的;实验的每个步骤没有哪一个不是精益求精,付出了辛勤的汗水后换来的。张伟风也传承了朱自强惜才爱才的衣钵,引进和培育了一大批活跃在学科建设一线的优秀青年人才,他说:"引进的博士不一定每一位都能做出成就,但如果只引进了一个博士,如何能出人才?"在他担任院长期间,学院引进了近40位博士。如今,张伟风正带领他的团队,依托自己亲手创建的河南大学光伏材料省重点实验室,乘风破浪,扬帆远航,向着"一流"目标奋勇迈进。

顾玉宗回忆说:"那个时候,和张伟风我们几个人经常去煤球厂里排队,然后用那种两个轮子的架子车把一车煤球拉到小区楼下,再给朱先生一一搬上去。朱先生厨艺好,做得一手好菜,经常请学生去家里吃饭。吃饭时,我们常会讨论一些学术问题,学术灵感有时就在这种轻松愉快的氛围中产生了。"他自1987年跟随朱自强攻读研究学位,时隔多年,回忆起当时的经历,仍然如数家珍,话语中饱含对朱自强的感激。在顾玉宗的回忆里,朱自强还特别爱才惜才,发现哪个学生在哪方面有天赋,适合做什么研究,就努力将他送到国内外最适合的高等学府联合培养。因为此事,朱自强还遭到了一些人的非议。毕竟在当时的条件下,能培养出来一个学生不容易,有的学生走了之后就再也没有回来,但是朱自强还是顶着压力将他们送出去。面对他人的质疑和不满,朱自强说:"不怕咱们的学生出去不回来,就怕他们以后没出息,如果全世界到处都是咱们河大物理系的学生,还有人说咱们学校不好吗?"马晓东、刘燕京、孟进芳等都是当年被朱自强送出去的学生,现在已经成长为各自领域的知名学者,在科研的道路上发光发热。而顾玉宗本人也成为物理与电子学院继朱自强、黄亚彬、张伟风之后的掌舵人,在他的任期内,物理学一级学科博士点获批,物理学作为"纳米材料与器件"学科群之一,成功入选河南省优势特色学科建设工程一期建设学科,物理与电子国家级实验教学示范中心获批,学院和学科发展到一个新的高度。

纳米杂化材料应用技术国家地方联合工程研究中心总工程师张治军(左)访谈

朱自强博学多识,虽然专攻物理,但对化学、生物学、材料科学等都颇有研究,且为人又襟怀坦荡,对于其他专业的学生和青年教师也是不遗余力地积极提携。1987年3月,河南省科学技术协会第三次代表大会在郑州召开。当时的张治军(教授,河南纳米材料工程技术研究中心总工程师,河南大学原化学系主任)是河南省化学学会的代表,入住时,惊讶地发现和自己同住的人是朱自强——河南省物理学会的代表。张治军回忆说:"我当时心里还在想,整天找朱先生找不到,可巧,在这儿遇见了,不免有一种相见恨晚的感觉。那时刚刚改革开放,科研意识正在逐步增强。开了几天会之后,我就决定拜朱先生为师。后来,朱先生在物理系二楼的一间空屋子里挂起了小黑板,我就在那里听先生讲课,一坐就是一整天,还发表了和 LB 膜有关的文章呢。就这样,跟着朱先生,慢慢摸到了科研的路子。"和物理学专业的朱自强一起做科研,使张治军与纯粹学化学的人有所不同,在进行科学研究时,他总能让一个化学图像和一个物理图像同时在脑海中生成,这也带给了他许多不同的体验与收获。此外,关于如何查阅文献的方法也令他受益匪浅:"朱先生告诉我们,想要查找哪一个研究和课题,不要去寻找孤证,不要去看某一个人的某篇文章,而应该去查一个组织、一个单位,沿着国际上一个大型科研团队的脉络去开展研究工作,这样才能进行更深入系统地探索。这种方法我一直沿用到现在,还影响到了我的学生。"朱自强在世时经常提到"产业化",受其影响,张治军树立了一个强烈的信念,那就是科学是用来解决问题的,科学的目的是应用,是促进生产力的发展。没有前沿的科学支撑,就没有尖端的技术发明,科研工作者应当将国家需求与科学研究结合起来。张治军先后开发了系列表面改性纳米材料的工业化生产和应用关键技术,实现了特种功能纳米二氧化硅、纳米润滑自修复材料、铜银纳米线等十余个系列、百余种纳米材料的规模化生产,获鉴定成果 11 项,授权国家发明专利 70 余件,其中工业化转化 25 件、孵化企业 17 家,获技术成果转化费用 6 000 余万元。2020 年 1 月 10 日,国家科学技术奖励大会在北京人民大会堂召开,由河南大学作为第一完成单位、由张治军主持的"高性能节能抗磨纳米润滑油脂关键技术与产业化"课题摘得 2019 年度国家科学技术发明二等奖,实现了河南大学在国家"三大奖"上的新突破。"产业化"也是后来他推动建立河南大学与济源示范区联合共建济源纳米材料产业园的重要原因。他深知,科学与技术是紧密相连的,一项科学研究没有应用前景很难走得长久。张治军充满敬意地说:"在我所有的工作成就中都有朱先生的影子,这是一种学术思想和学术事业的传承。没有朱先生,这个基地就走不出河大。"时至今日,朱自强的照片依然静静地挂在纳米杂化材料应用技术国家地方联合工程研究中心一楼走廊的显要位置,走廊的尽头正对着一块黑板,黑板上赫然写着几个大字:"板凳要坐十年冷,文章不写半句空。"

(三)"自强"不息、薪火相传:朱自强与续写华章的物理人

《庄子》有言:"指穷于为薪,火传也,不知其尽也。"朱自强虽然离开了,但他创下的基业,在河南大学这片沃土上,正被薪尽火传、发扬光大。他那脚踏实地、开拓进取、忘我工作的品格,以及艰苦奋斗、自强不息、无私奉献的精神,一直在激励和鼓舞着后人。

在物理学院的发展史上,关心和爱护人才是一直秉承的优良传统,在学院任党委书记近十年的王宏华在谈及学院发展时说道:"兴院必先聚才,学院的建设归根到底是人才队伍的建设,建设一支数量充足、结构合理、素质较高且富有爱校情怀和创新精神

的人才队伍是学院事业发展的根本支撑。"感召于朱自强对自己的教诲和影响,张伟风担任院长时也爱才惜才,积极引进了一大批优秀青年人才。2005年5月,中国科学院固体物理研究所凝聚态物理学专业博士毕业生赵高峰和夫人孙建敏的求职简历寄到了时任院长张伟风的电子邮箱,远在日本从事访学研究的他立即联系了时任学院党总支书记徐书耀和行政副院长宋秋安商讨人才引进事宜。宋秋安随即驱车前往合肥,往返1 000多公里将赵高峰和孙建敏博士接到开封面试,随后徐书耀书记与赵高峰夫妇促膝谈心,并安排时任院办公室主任王建军陪同赵高峰夫妇参观了新老校区和实验室。当时正值寒冬,赵高峰夫妇返回合肥时,天空飞舞鹅毛大雪,由于担心夫妇二人的安全问题,王建军坚持将他们送到郑州火车站。并在郑州陪他们吃完晚餐将他们送上火车后才回开封。为此王建军返回时在郑汴路上堵了一夜,第二天凌晨才回到家。赵高峰夫妇被学院领导对人才的渴求以及为人才服务的行动深深地打动了,最终选择加入了物理与电子学院。如今赵高峰已经在物理与电子学院成长为教授、博导,并于2021年9月调任河南大学研究生院副院长。每当回忆起那段难忘的入职经历,赵高峰夫妇都表示选择河南大学物理与电子学院无怨无悔,要将学院服务人才的优良传统传承下去,发扬光大。正是受益于爱惜人才的传统,物理人从追着光到成为光,进而照亮更多的后学,薪火相传,生生不息。

王渊旭,二级教授,教育部新世纪优秀人才,河南省特聘教授、杰出青年基金获得者、学术技术带头人、青年五四奖章获得者、青年科技奖获得者,开封市优秀教师,博士生导师,2007年起任职于河南大学。王渊旭的到来,与张伟风教授密切相关。他原本在日本物质材料研究所从事博士后研究工作,被张伟风的盛情邀请和科研精神所打动,携妻儿放弃日本的优渥条件回国。一到河南大学,他就立刻投入到忘我的工作和科研中。2018年7月,在学院面临"双一流"建设的繁重任务下,王渊旭临危受命,担任物理与电子学院院长。人才培养质量如何提升?科学研究如何突破?平台如何搭建?队伍如何加强?他投入大量时间和精力,进行总体规划。并带领学院班子成员,梳理思路,逐一落实。同年9月,在学院中层以上干部教育培训班上,他结合学校中心工作,重点讲述了"以本为本"的人才培养理念,明晰了学院未来的发展思路。在迎接教育部本科教学质量审核评估期间,他把"专业基础、思辨意识、创新能力、国际视野"人才培养理念和"一堂课、一份试卷、一份毕业设计"等具体措施,贯穿人才培养全过程,意义深远。他勇于担当,从不回避棘手问题,大到学院整体发展规划,小到教师个人进步等,他都亲力亲为。担任院长后,他对学院国家级实验教学示范中心的建设高度重视,多方奔走呼告,为加强实验室内涵建设打下了坚实基础。他爱才惜才,对青年人的成长发展,全力支持。在学院 B 座六楼大厅走廊,有一间 10 m² 的实验室,它并不惹人注意,却是陈珂心底最大的感动。2018 年,陈珂从北京大学学成归来,迫切需要实验空间开展研究工作。"对于做科研的人来说,实验场地无疑是最重要的。"刚回来的陈珂只是偶然向王渊旭提了一句,他知道学院资源有限,并没有抱太大期望。但王渊旭却把他的话记在心里,想办法在六楼走廊搭起一个小隔间,作为陈珂的实验场地。他清楚,学院发展离不开每一位教师的耕耘,而他的责任就是为这些人提供最大支持。2019 年 9 月 26 日,经过精心准备,王渊旭带队赴郑州参加 2019 年度河南省国际联合实验室申请答辩。答辩即将开始时,他突然感到背部剧烈疼痛。为了不让多日辛勤的汗水白流,他强忍疼痛,坚持完成了汇报和答辩,后被紧急送往医院抢救。在急救室醒来后,他说的第一句话是:"多关注答辩结果。"三天后,手术很顺利,他的博士生陈东来看他,他说:"我没事,院里最近出台的那个博士生出国优惠政策,你快回去看看。"他的心中,想的是学院未完成的大文章。2019 年 10 月 8 日,王渊旭坚持出院,医生说,回去要好好静养。可他无时无刻不在关心着学院的工作。实验室申请答辩顺利通过,接下来还要迎接现场检查;他组织发起的河南大学纳米碳材料高峰论坛,马上就要召开……他静不下来,有太多的事要做。10 月 13 日,王渊旭依然坚持出席了"2019 河南大学纳米碳材料高峰论坛。"第二天凌晨,他的病情出现异常,被送往医院紧急抢救,但终因抢救无效,不幸去世,年仅 46 岁。在同事眼中,他是潜心工作的好搭档,是不折不扣的"熊猫级学者",是团队的主心骨,总能切实解决好专业领域的问题。他学术研究成果丰富,大家每次向他请教问题,他都会主动应下,知无不言。"他总是能站在一定高度看待问题、解决问题,他为人低调、谦逊,心中有大格局。早在担任院长之前,王渊旭就屡次拿出自己的科研经费,帮助其他老师购买科研设备。当设备需要更新时,他又拨出自己的经费给予支持。在注重本课题组发展的同时,经常雪中送炭,帮助其他课题组解决燃眉之急,尽心尽力帮助每一个需要帮的人,从不推脱。"研究生院副院长赵高峰每次回忆往事,不无感慨。在学生看来,他是认真负责的好老师,对待科研严谨认真,修改论文一丝不苟。学生发给他的论文总能在当天得到修改稿,上面满是他的"圈圈点点",甚至连错误的标点符号都一一指出,这些批注总能让学生收获满满。师从王渊旭的 2011 级硕士研究生张小静在数年前的一次实验中,因为自己粗心算错的那组复杂数据,至今仍记忆犹新,"当王老师将全部数据重新算了一遍,并把正确数据摆在我面前时,我深感内疚和自责。"2014年出站的王渊旭的博士后杨癸回忆说:"和王老师相处的日子,总是如沐春风,充满希望。"如果用一个词来概括王渊旭与学生的关系,那便是"亦师亦友"。

校党委书记卢克平在怀念他的诗中写道:"年轻美丽一生,星星划破天空,上苍无情人悲痛,师生继续奋争。一流梦想征程,呼唤千万英雄,精神化作磅礴力,人人出彩先锋。"问世间情为何物,甘洒热血也无悔,在王渊旭身上,汇集了众多优良品格,总结起来就是:对党的无限忠诚、对事业的崇高追求、对同志的团结友爱。

朱自强与王渊旭教授是不同的。朱自强从旧中国走来,而王渊旭则成长在新时期;朱自强出生在上海,求学于南开,先任教于吉林大学后又转到河南大学,而王渊旭则是地道的黄河儿女,求学于山东大学,后于河南大学任职;朱自强病逝于1995年,王渊旭教授从2007年起开始任职,来河大前后,他们的人生轨迹没有任何的交集。但他们在物理与电子学院任职期间的品行与精神却是高度相似。在他们人生的重要时刻,河大都敞开怀抱接纳并支持了这两位专注科研的学者,而他们则全力以赴,将自己的全部心血,甚至生命奉献给了这片沃土。他们都热爱祖国、勇于担当,忠诚于党的教育和科学事业;他们都低调内敛、追求卓越,在各自的领域内做出了突出的成就;他们都甘为人梯、奖掖后人,努力发现和培育青年学者,为其提供锻炼和成长的机会与平台;他们都务实重干、勤勉严谨、胸怀坦荡、淡泊名利……即使在不被理解甚至不被尊重的时刻,仍能潜心学术,夙夜在公,坚守一位学人应有的风骨与涵养。临终之际,他们仍然牵挂着自己心爱的物理事业与学院的发展。

接力,从未间断;薪火,继续相传。白莹,1998-2002年本科就读于河南大学物理与电子学院,2008年7月在中国科学院物理研究所获得博士学位。本打算留在北京打拼的她,却意外收到了时任院长张伟风的邮件:"是不是快毕业了?毕业之后回来吧……""看完信的那一瞬间,我感觉哪儿都不想去了,就要回河大,就想回家。"她坚定地说:"我感觉我属于河南大学。"课堂上的白莹,有条不紊,自信满满,笑起来好像嗅到了阳光的味道。她教过的2010级本科生曹娅婉赞叹:"虽然白老师教的只是我们的专业选修课,可她特别认真。"她常说自己粗线条,却总在细微之处,给学生以满满的感动。2012级硕士研究生孙姝纬,回忆起那次通宵实验的情形时说,"白老师一整夜和我们在一起,参与同学们的讨论和实验操作。她是严师,也是慈母,她用人格魅力征服了身边的人。"在美国访学时,她对学生的指导只能通过网络进行。为了帮助 2012 级硕士研究生吴青回复论文修改意见,白老师和吴青在地球两端,一天一夜未眠,共同讨论整理出了 54 页的回复稿。实验室里,赫然摆着一张迷彩行军床,这是白莹为晚上辛苦加班实验的学生安置的临时栖息地。"今年暑假回学校,我特意去实验室等到晚上,在行军床上睡了一觉。"2011 级研究生蒋凯,不无感慨地说。之前,他有一次在实验台上趴着睡觉,清晨被白老师偶然发现,第二天,她就给添了这个"家当"。放的是床,暖的是心,无论是生活还是教学科研,白莹给予学生的,总是无微不至的关怀。她常常用自己的经历鼓励学生:"无论是在科研路上、还是平时生活中,不管遇到什么困难,只要用心去做,哪怕从零开始,也没什么可怕的。"如今,白莹担任物理与电子学院院长、党委副书记,在高等教育内涵式高质量发展和河南高等教育"双航母"和"中原大地起高峰"的时代背景下,面对河南大学第二轮"双一流"建设、新时代教育评价、人事分配制度、校院两级财务管理体制、资源有偿使用等全新的改革发展形势,物理与电子学院如何准确把握发展定位、锚定发展目标、优化发展路径?她正与党政领导班子一道,勠力同心,接续奋斗,紧紧围绕立德树人根本任务,不断加强党的建设、强化党建引领,统一思想、凝心聚力、充分调动和发挥教职工生的积极性和创造性,使学科建设上台阶、专业建设有提升、平台建设和科学研究有突破、人才队伍进一步优化、人才培养优势和成效进一步凸显、社会服务的广度和深度进一步拓展,带领学院驶向更广阔的远方。

(四)结语

近百年来,一代代河大物理人格物穷理,探求真知,艰苦奋斗,开拓进取,自强不息,薪火相传。从早期单一的物理学专业,发展成为今天多专业、多学科、多层次人才培养和科学研究的教学、科研基地。目前,学院开设有物理学、电子信息科学与技术、通信工程、测控技术与仪器四个本科专业。其中物理学为国家级一流专业建设点,电子信息科学与技术和通信工程两个专业为河南省一流专业建设点,开设拔尖创新人才培养"明德计划""菁英计划"和"卓越计划"三个实验班。学院拥有物理学一级学科博士学位授权点和博士后科研流动站,以及光学工程、电子科学与技术一级学科硕士学位授权点,物理学、光学工程、电子科学与技术三个学科均为河南省重点学科。2012年,学院被遴选为河南大学首批研究型学院。2015 年,物理学作为"纳米材料与器件"学科群之一,入选河南省优势特色学科建设工程一期建设学科。2016 年,获批建设物理与电子国家级实验教学示范中心,以及河南省铝镁铜基原位复合金属材料工程实验室。2020年,获批建设河南省新能源材料与器件国际联合实验室。2021年,获批建设河南省智能微纳传感技术与应用工程研究中心,并获批河南省科普教育基地和河南省物理奥林匹克竞赛培训基地。

"青山座座皆巍峨,壮心上下勇求索"。在攀登科学高峰的征程中,一往无前、上下求索的精神,胸怀坦荡、鞠躬尽瘁的品格,已经内化为一种文化基因,在一代又一代河大物理人中血脉相承。回望物理与电子学院的发展历程,无论是平坦开阔、还是曲折艰难,在"自强"火种的指引下,物理人始终没有胆怯和退缩,始终秉承"复性正心,格物穷理"的院训,不断发扬"敬业、励学、求是、创新"的院风,朝着"一流"目标奋勇向前。

智山慧海传真火,愿随前薪作后薪。物理楼东侧,牛顿广场,是物理与电子学院师生谈天说地的地方。盛夏时节,这里绿树成荫,枝繁叶茂。夜晚,遥望星空,浮想联翩,朱自强似乎化作了其中的一颗恒星,护佑着渴望探索的教师与莘莘学子,指引着物理与电子学院拥抱下一个星辰大海。

(中共河南大学物理与电子学院党委)

二、一篇未完成的文章

上午,邻居家的小孩接电话,说朱自强先生去世了。我先是疑惑,后是断定小孩根本没听懂对方电话的含义。昨天上午我去医院探望先生,进去后,朱先生努力睁眼看着我,然后又闭上了,也许是养精神吧,良久他说:"纯鹏,今年学位点怎样了?"尔后又问:"那篇文章改得怎么样了?"同时口里还含混不清地说如何做研究,如何做人!当时我心里很难受,没想到只几天的工夫,先生竟病成这样。但是无论如何,也想不到会被病魔夺去生命。我走时尚期待着先生病愈后,一起做研究工作,完成那篇文章。

我与朱自强先生相识较晚。记得四年前,他在北京参加"第九届国际太阳能存贮与转换会议"时,我们在车上偶然相遇。先生很健谈,从物理学发展历史到植物光合作用的研究现状,从他做的 LB 膜到生物膜,从德尔布吕克到沃森(Watson)和克里克(Crick),他都了然于胸。我当时很惊讶!没想到一个物理学家,竟然对生物学内容也如此了解,先生的博学和坦诚令人肃然起敬。也许是仰慕先生的学问和治学态度,或许是先生"楞中"了我的虚心和诚恳,也许是对科学含义的共同理解吧,以后的许多时间,我们相处得非常好,尽管我们没有师生名分,但这种忘年交却是那样令人难忘。

下海热的那阵子,广大有识之士义无反顾"咚"一下跳下海去,真是过瘾。先生见到我,劈头就说:"听说你也在动摇——浮躁之病!社会不是千篇一律一个工作,科学还是需要人来做的,只有科学的进步才能推动我们国家和社会的发展。"先生看问题总是入木三分,有自己的精辟见解。我为他对事物本质的洞悉,对学术的执着,不为世俗所动,不为金钱所诱的品格深深感动。先生 1992 年去日本开会,当时我正为买不到一些实验药品而犯愁,但知道先生身体不好,几次想求都难以启齿,朱先生知道后说:"这些事我是应该办的。"由于试剂用美元购买,当时从学校换的 500 元外汇不够用,因而在财务处报账时遇到了麻烦,我没有外汇,要到中国银行兑换,朱老师说:"算了,甭费那个神儿!算我支持你了,只要能做些好的研究工作,是值得的。"他竟从自家不多的积蓄中用美金支付了预缺额。我感到非常不安,开玩笑地说:"等我有了美金,我一定要还您的。"先生说:"不用还,不用还。"可还没有等到我真正拥有美金时,先生却永远地走了。

后来,为了课题缘故,我几经周折,辗转去了英国。走时,朱先生的白血病又复发了，我也怕此去恐难再见先生。他打电话邀我去，说他明天去医院，可能要被他们"留"住。这句话的意思不言而喻，可先生语气却是极其平静的，其豁达和乐观令人动容。那天晚上我们谈了许久，先生有很多的教诲，更多的是忧虑："河大建设需要一批为之献身的人，完成工作后要回来，奋斗几年，在这儿好好做'河大博士点建设'这篇大文章。"他将生命和学术紧密地融在一起。谈到他们实验室情况时，先生眼里浸润着泪水，声音发颤，对河大发展忧心忡忡，情真意切地说："不好好做，我死了之后，这几台仪器也要变成废铜烂铁。"我匆匆地踏上了英伦三岛，留学生活既繁忙又寂寞，每每独自静下来，总希望能接到朋友、同事的信函，哪怕只有片言只语，这是一种渴望和期待。就在圣诞节的前一天晚上，我收到了一个红色的贺年卡，真是高兴至极。那是请人绘的一张清明上河图，朱先生清秀的笔迹飘洒在上："你承担的国家自然科学基金委的项目该结题了，我知道你在国外很忙，但为了以后的工作的发展，我替你写个结题报告，无论如何你也要写几句话来。"关切和希望之情跃然纸上。我感慨颇多，生物学研究的结题报告，竟然要一个物理学的教授来完成。现在，我承担的第二个基金项目正在开展，再也没有人能帮我且又乐意帮我做这些扫尾工作了。

　　回国后，在首都机场，我打的第一个电话是询问朱先生的身体。回来后见先生精神尚好，心情为之一振。我去看他，他先是说："你回来干啥?!"我不知该说什么，继而他又说："我盼你回来，你们要好好地谋划，有个几年的工作积累，把河大学科发展这篇大文章做好。"朱先生对年轻人的心情是极矛盾的：一是恨铁不成钢，一是盼铁快成钢。

　　今年10月，我和朱先生共同邀请了美国纽约大学教授陈亨先生来讲学，朱先生看上去很是健康，他与陈先生中国古文化功底都很深厚，两个人谈吐机智幽默，那爽朗的笑声充满着一种感染力，看那时状况谁也不会想到他白血病已开始恶化，十几天后就撒手人寰。先生主持的最后一个学术报告是10月9日陈亨先生的"分子生物学发展的50年"。这时他的病情已经相当严重，到了10月21日他打电话："明天的学术报告会，你来主持吧，这几天我粒米未进，高烧不退，恐难熬过去了，我很抱歉。"我们聊了半个多小时，他又讲了做学问首先要好好做人，痛斥了浮夸之气和追求形式上不必要的东西，而不脚踏实地做研究之风。但他考虑更多的还是实验室的发展，仍雄心勃勃地为河大的博士点而奋斗呢！他的日程上还是排得满满的，我们合作的一篇文章的稿子还要再看一看，11月3日还要去北京参加国际学术会议，会后还得主持他的一个学生博士论文答辩……这是与先生最后一次长时间的交谈。我在想先生靠"透支"生命，来延续他的研究和工作。

可无论如何,真没想到会有如此急剧的变化。由于事务繁忙,我一直未能去看望先生,也许是心灵的感应,10月25日,我说今天一定去看朱老师,我们走到医院就是文章开头的那一幕,他家人说这是他入院以来精神最好的一上午,现在看来是回光返照。我不知这种"信息"是如何传递的:上帝让我在先生最清楚的时候,再一次听听他的教诲和嘱托。

先生去了,我少了一位科学上可以请教的导师,生活上可以交流的长者。先生去了,他带着未完成的学科发展这篇"大文章"的遗憾永远地去了,但先生为学为人的精神,光明磊落、胸怀坦荡、鞠躬尽瘁的形象却是永存的。他不仅为河大的某些学科的发展奠定了基础,同时也为这些学科的学术影响积累了一批无形的资产,培养了一批人才。

想到这几年受先生的恩泽,我书了一个挽联,以示纪念:

数年相识,无数教诲,吾师顿逝,音容宛在,真耶抑梦耶!

一生追求,几多挫折,乃志不改,风范永存,憾乎或达乎?

(河南大学原校长:宋纯鹏)

三、人生的追求

在人生的道路上，每个人都有自己的志愿和追求的目标。有的人追求的是名利地位、物质享受、生活待遇，而莫育俊心里装着祖国，想着科研，工作上"追求第一，创造第一"。

莫育俊生于1939年，湖南邵东县人。1962年毕业于北京大学物理系，毕业后分配到中国科学院物理研究所工作。1982年赴瑞士联邦苏黎世高等理工学院（ETH-Zurich）深造，获理学博士学位。他多次到日本、意大利、韩国、新加坡做访问教授。主要从事微波磁学、石榴石铁氧体磁性单晶生长和微波器件以及现代光谱学的理论和应用研究，获国家科学技术发明三等奖（课题负责人之一）和中国科学院自然科学三等奖（课题负责人）各1项。1996年被引进到河南大学物理系，任教授。1999年被推荐为中国科学院院士（数理学部）候选人（河南省推荐），2000年入选"享受国务院政府特殊津贴专家"。他主持完成8项国家自然科学基金项目，1项中国瑞士国际合作基金（中方主持人），1项第三世界科学院基金项目和四项河南省自然科学基金项目，参加和完成了几项中国科学院重大项目和军工项目。在国内外重要学术刊物和国际会议发表论文100多篇，获得3项国家专利授权。曾任中国物理学会光散射专业委员会委员、《光散射学报》副主编、《光谱学与光谱分析》编委、河南大学校学术委员会委员。

莫育俊为河南大学的学科建设、研究生培养、实验室建设等做出了突出贡献。他学风严谨、工作兢兢业业、事业心强，给周围青年教师树立了良好的榜样。

（一）一片丹心图报国

1982年3月，莫育俊作为我国较早的留学人员赴瑞士联邦苏黎世高等理工学院（ETH-Zurich）。该学院属国际一流理工学院，是著名的物理学家爱因斯坦的母校。莫育俊深感机会难得，他抓紧一切可用的时间进行学习和研究，功夫不负有心人，在固体物理实验室Peter Wachter教授的指导下，经过刻苦的努力，取得了可喜的具有独创性的研究成果。瑞士自然环境优美、生活条件优越、实验设备先进，无论是工作条件还是生活待遇都比国内优越，当时已有出国长期工作乃至定居国外的"先锋队"，但他没有那样想，毫不犹豫地选择了回国工作。他说："国家为了培养我们，又送我们出国学习和研究。中国人民花了那么多财力和物力,我一辈子也还不清,我应该报答祖国。只有把自己国家建设好了,我们国家在国际上才有应得的地位,之后才谈得上个人和家庭的前途。"回国后,他工作更加努力了。

莫育俊在国外工作期间仍不断同国内同行专家保持着密切联系,在得知河南大学物理系正需要引进自己专业方面的学术带头人时,他决定来河大工作。克服了多方面的困难,于1996年到河大任教。

(二)勤奋耕耘,换来硕果累累

莫育俊自1981年开始从事表面增强拉曼散射(SERS)研究工作,承担了"利用拉曼散射增强研究表面和界面效应""表面增强光谱学""超薄固体膜及表面活性剂的SERS""SERS检测环境污染物的研究""C60和C70及其衍生物的表面增强拉曼散射研究""锂离子电池电解质-电极界面原位SERS研究"等多项国家自然科学基金项目和"多孔硅发光机理的SERS研究"等河南省自然科学基金项目。

莫育俊在书房

1983年,莫育俊在国际上首创了一种新的SERS衬底——银镜,被国内外同行广泛采用。它具有检测灵敏度高、易于制造、稳定性好的优点。在国际上,他首次对SERS增强因子与表面粗糙度的依赖关系进行了系统的实验研究和理论分析,得出了可见光范围内银100 nm、铜50 nm表面粗糙度时具有最大增强的结论。这在理论和实用上均有重大意义。他与Wachter教授提出了SERS的天线共振子模型,很好地解释了已有的实验结果,并对 SERS 的应用有重要指导意义,受到同行们的关注。他在理论和实验上证明了铝表面没有增强,解决了这一长期争论的问题。他利用 SERS 研究了 C70 在强激光密度辐射下的光化学的动力学过程,在国际上首次证实了中间产物中有五元环化合物(苯二甲酐等)。取得了"SERS 衬底-实验方法-机理研究-应用"诸方面在国际上均有独创性的系统性突出成果。他的学术论文得到国内外同行的广泛引用。

（三）桃李香自用心来

莫育俊除完成繁重的科研工作外,还担负着教学、培养年轻教师和研究生的重要任务。他的信条是"做学求真、做人求善、做事求实"。1998 年以他为首为河大成功申报光学硕士点,1999 年招收河大第一届光学硕士研究生。为了培养国家需要的高科技人才,他工作兢兢业业,认真负责,没有周末和节假日的概念,加班加点指导研究生工作,多方面关心研究生。学生们深受感动和鼓舞,觉得自己碰上了这样一位好导师是自己的福气。

莫育俊与他的学生合影(2017 年 7 月)

"莫老师是发自内心地关爱学生,总能与学生保持良师益友的关系"。莫育俊指导的 2006 届光学专业硕士生王波提起恩师,总是有说不完的话:"研一下学期,由于久坐、熬夜,我的臀部起了一个大肿块,疼痛难忍,连躺下都困难。后来回家做了个小手术,休养了两周时间。休养过程中,莫老师经常给我打电话,询问我的身体状况。返校以后,他很关心我,多次交代我要注意身体,身体是革命的本钱。除此之外,莫老师为了改善同学们的生活,也经常自掏腰包,请实验室的同学们一起吃饭,茶余饭后经常关心大家的生活状况,给我们谈许多人生哲理。家境不太好的同学,生活上遇到困难时,莫老师总会多发一些科研补助缓解他们的燃眉之急。莫老师会主动关爱每一位同学,也正是因为如此,时至今日,每位同学都是发自内心地尊敬他。"桃李不言,下自成蹊。他的一言一行为青年教师和研究生们树立了很好的榜样。他培养的多名研究生,有的成为国家级人才称号获得者,也有不少已成为所在院校和研究所的业务骨干。

(中共河南大学物理与电子学院党委)

四、王德建：一片冰心念河大

午后的阳光打进房间，客厅的墙上挂满了照片，一张不起眼的矮桌在墙根放着。上面摆着如工艺品一般会发光的加湿器、没有扇叶的小风扇、黑色小三角形的远程遥控器、一触摸会发出电弧的高压感应水晶球……这些照片和小物件正是出自物理与电子学院退休教授王德建之手。他虽然满头白发，但依然精神矍铄，容光焕发。

"我没有落后，反而超前了。"王德建虽然年逾八十，但其家中的电器可以在外远程操控，"在北京开会时，我想给家中的花浇水，直接用手机操控就可以。在外面，我还可以从手机上看到家中的情况，这些都是我自己琢磨出来的。"

（一）静水流深，漫步科研之路

"1983年，法国激光全息展览在北京展出时，法国参展人员说'中国的激光全息水平再过十年也赶不上法国'。参观之后十分感慨，当时我就想中国一定要办起自己的激光全息展。"随后，王德建与北京大学、复旦大学、天津大学等11所单位开始紧锣密鼓地筹备中国激光全息展览会。

1984年6月，在全国首届激光全息摄影展览筹备会上，王德建提出，除了设置和法国一样的原理展厅、应用展厅、艺术展厅，还要增加一个实验室，让游客参观之后亲自

物理与电子学院院长、党委副书记白莹看望王德建（左）老师

动手实践,更加深入地了解激光全息技术。1984年10月,全国首届激光全息摄影展览在北京顺利举行,王德建的3项光全息发明在展览上展出。在做激光全息实验时,别人都是在防震台上操作,而王建德排除了32项干扰因素,将设备减小到极限值,可以直接在普通桌面上做实验。"从全国来说,我为河大争光了!"王德建抚摸着那本厚厚的相册感叹道。这样的相册,他的书房里还有好几本。

在一张泛黄的照片里,一台方形的机器赫然映入眼帘,旁边放着一个牌子,上面写着"假彩色编码显示仪——河南大学"。"当年我和解放军医学院分别发明了假彩色编码显示仪,在展览上放在一起,并排而立。虽然我的机器精度没有他们高,但我的这台机器全部是利用废弃物造出来的,比如屏幕用的是老式相机的匣子,光学元件是从街边上买的地摊货,所以价格十分低廉。"王德建笑道。

"人应该踏实干事,少说话。"在电还未普及的1970年代,王建德就开始着手做光电池电源与蓄电池电源实验。因为缺少资金和原材料,他就跑去洛阳当时唯一的单晶硅厂找丢弃的硅头等冶炼原料。单晶硅厂的总工程师受其感动,将报废的冶金炉免费送给了王德建。当时条件艰苦、资金有限,王德建带领有关人员就在夜深人静、灰尘较少的半夜里加班冶炼半导体。十年辛苦终不负,鉴定后,他们研制的光电池填补了中南区光电池研究的空白,并应用到了卫星上。

(二)循循善诱,引导学生创新发展

"鹤发银丝映日月,丹心热血沃新花。"王德建认为大学是学生的一个重要转折点,作为老师,应该尽量用最少的时间让学生学到最多的东西。教书也需要创新,老师应该把创新的过程、排除困难的过程教给学生。

"学生应该有学以致用、举一反三的能力,要有主动创新的意识。"与传统的"填鸭式"教学不同,他更多地去引导学生创新思考。课堂上,他总会抛出一些问题让学生们思考、讨论。并且他将自己一生的工作经验和研究心得总结成了书——《近代物理实验》,曾经一度被当成教材的范本。

"都说昙花一现,你们知道昙花一次开多久吗?这个问题很多人都很难回答。昙花开多久本来就是一个科研问题。"王德建老师笑道。他利用五年时间,记录下来36朵昙花开放时间,经过精确的计量,算出其平均值,得到最终结果。众所周知,昙花在晚上盛开,但是王德建通过改变光照,让本来明亮的白天变暗,使昙花在白天盛开。

"我不仅可以改变昙花开放的时间,还可以通过嫁接技术改变它的颜色。"他结合昙花实验的研究结果,指导生命科学学院的学生完成毕业论文。

退休后,王德建老师从未远离过学生,至今仍与13个学生社团有联系。他免费为摄影协会讲课,在学生社团举办"废物利用,创意人生"相关活动时,义务为学生作报告,报告厅内人满为患,甚至有些学生站着听完了全程。

(三)热爱生活,光影织造人生

"老骥伏枥,志在千里。"王德建退休后,并不像普通老人一样,过着清闲的生活,而是怀着对摄影的热爱,提着相机,骑着自行车,奔走于河大的校园,穿梭在开封市的各个街道、景点,用快门记录下精彩瞬间。

"我已经拍照拍了将近64年了,有7万幅作品,全开封应该没有人能比我多。"曾任河南大学老年摄影学会常务副会长的王德建自豪地说。其家中客厅挂着的摄影作品《北宋皇家园林一览》获得"全国摄影优秀奖"。因其拍摄的河大风光照一直被河南大学党委宣传部和各个院系使用,河南大学党委宣传部还颁发给他特邀记者证。"我现在身体好得很,就算是连续站四五个小时给学生拍毕业照都不成问题。"王德建满脸笑意地说。"当时我看到有人在朋友圈中发'今天很开心,河大老教授为我拍照',心里特别满足。"

王德建的心一直是牵挂着河南大学的,尽管退休,每逢校庆,他还是会用相机记录下来,几十年来,攒了几本厚厚的相册。从退休前参加校庆筹备工作的资料,到退休后对校庆的记录一应俱全。

建国60周年时,他主动联系物理与电子学院,共同筹备了"我爱祖国——我的祖国成就展"。"新中国成立以来,我国发生了翻天覆地、日新月异的变化,通过举办这个展览,可以加强广大师生对建国60年来发展成就的了解,进一步增强师生的爱国热情和民族自豪感。"经过王德建老师和学生几个月的筹备,展览在新老校区同时进行,并取得了巨大反响。

十载风,十载雨,不管身处何处,不管在职还是退休,王德建始终心系河大,念念不忘。"河大人不管男女老少,走在哪里都要为河大争光。"王德建饱含深情地说出这句话。他一直在探索,从未有过停止。他身体力行,去实践这句话,让这句话成为现实。

(李亚丹)

五、王渊旭：用生命溅起历史洪流的浪花

——追记河南大学师生心中的"黄大年"

在河南大学主页 10 月 15 日的头条关注栏目中有这样一则新闻：由我校物理与电子学院主办的"2019 河南大学纳米碳材料高峰论坛"于 10 月 12 日至 14 日在开封举行，新闻所配图片便是 10 月 13 日上午论坛开幕式结束后与会领导和专家的留念合影。合影正中，站着一位面带微笑、眼神温和的中年学者，他便是物理与电子学院党委副书记、院长王渊旭。

他是中国共产党党员，教育部新世纪优秀人才，河南省特聘教授、杰出青年基金获得者、学术技术带头人、青年五四奖章获得者、青年科技奖获得者，2019 年度河南省文明教师，开封市优秀教师，二级教授，博士生导师……他的身上有太多光环。然而，谁也没有想到，照片中看起来如此神采奕奕、年轻有为、正值盛年的他，竟在论坛开幕式的第二天永远地离开了！离开了他最牵挂的家人和同事，离开了他心心念念割舍不下的学院，离开了他早已融入生命血液的河大！

其人虽已去，千载有余情——10 月 18 日上午，我们来到了物理与电子学院 A313 会议室。学院领导班子成员、系室主任代表、教师代表，王渊旭课题组成员、博士生、硕士生等用集体座谈的方式追忆王渊旭同志生前的点点滴滴。在无限的思念与崇敬中，我们走进了他短暂却珍贵、动人而高尚的人生。

（一）重病之际，他最记挂的还是学院

为加快开展"双一流"建设，学校对部分重点科研机构进行了调整，依托物理与电子学院的省级重点实验室开始独立运行。没有高层次科研平台，学院和学科的发展将寸步难行。"'这不要紧，我们再建新的嘛。'在我们都着急得不知所措的时候，渊旭却没有慌乱，他提出了切实可行的发展思路，并将其高效地落实到了行动中。"物理与电子学院党委书记王宏华对当时的场景记忆犹新，"这就成了他后来一直为之忙碌奔波、付诸大量心血的工作重心-凝练方向、整合资源、组织团队申报省国际联合实验室。"

9 月 26 日，经过前期充分酝酿和精心准备，王渊旭带队赴郑州参加 2019 年度河南

省国际联合实验室答辩评审。在答辩会即将开始时,王渊旭突然感到背部撕裂般的疼痛。为了不使大家多日来的心血付之一炬,他强忍剧痛全程站立坚持完成了汇报和答辩。结束后,他便被紧急送往省人民医院急救室,之后很快转入 ICU 病房。醒来后,他对守在病床边的妻子说的第一句话就是:要多关注答辩结果。

9 月 29 日,王渊旭的手术在省人民医院顺利进行,守在手术室外的学校领导和班子同事都松了口气。住院恢复期间,往日里曾得到王渊旭悉心关怀的学生们纷纷自发前往医院照顾。"陈东过来,院里最近出台的那个博士生出国优惠政策你快去看看吧。"王渊旭半夜醒来后,在病房里对自己说的这句话,王渊旭的博士生陈东一直记在心里。"他心里记挂了很多人和很多事,唯独从来都不是自己。"

10 月 8 日,王渊旭出院了,在家里他仍然时刻挂念学院的各项工作进度,时常通过电话和微信联系同事询问相关事宜。王宏华说:"我在电话里告诉他,那天他抱病坚持完成的答辩顺利通过了。可他还希望了解更多后续迎接现场检查的工作安排,我却不忍再说下去⋯⋯"

"这个开幕式我是一定要去的,这样大家就不会担心我了。"10 月 13 日,王渊旭坚持出席先前一直由自己主持安排谋划的 2019 河南大学纳米碳材料高峰论坛,留下了与同事们的最后一张合影。

王渊旭带领课题组参加学术会议

10 月 14 日凌晨,王渊旭再次出现紧急情况。"你看他昨天还好好的啊,今天怎么就这样了。"病房门口王渊旭的妻子盯着头一天的合影,泪流不止,可这竟成了他留下的最后一张照片。

王渊旭非常重视本科教学质量工程项目建设。"他走的前一天,得到消息,他主持申报的高等学校教学研究项目'课程思政'在大学物理教学中的实践与思考,作为省内唯一推荐项目上报教育部。我怕他知道后心情激动,就想着等他痊愈后再告诉他这个好消息。可是,再也没有这个机会了。"项目组成员任凤竹老师如是说。这是王渊旭生前最关心的工作之一,也是同事们最大的遗憾。

(二)思路清、重落实,他的心中有大格局

在大家评价王渊旭的用语中,"心胸开阔""思路清晰""重抓落实"是出现频率最高的词。作为班子成员中联系最紧密、工作接触最频繁的搭档,王宏华认为,王渊旭工作思路清晰,总能把思路和设想踏踏实实地落实到一项项具体的工作当中去。学院面临"双一流"建设的繁重任务之际,王渊旭顶着巨大压力挑起重担。人才培养质量如何提升?科学研究如何突破?平台如何建设?师资队伍建设如何加强?他投入大量精力作出总体规划,并带领学院班子成员梳理思路、逐一落实。此前,在与学院青年教师陈珂的谈话中,王渊旭谈到了学院发展的整体规划,并且已经构建了清晰的蓝图,"他思路非常明确,知道什么是关键点,应该在哪里重点布局"。

王渊旭在日常工作中,勇于担当,从不回避棘手问题。大到学院整体发展规划,小到教师个人发展,他都亲力亲为。担任院长后,王渊旭对物理与电子国家级实验教学示范中心的建设高度重视,多方奔走呼吁,为加强实验室内涵建设打下了坚实基础。仅仅三个月,他带领学院领导班子出台了三份有关人才培养的文件。除此以外,他还为物理学科的建设付出了大量心血。在人才招聘工作中,王渊旭主动留下自己的信箱,第一时间获取人才信息。部分老师不理解他为什么把这项工作盯得这么紧,在王渊旭眼中,教师队伍建设是学院和学科发展的关键。他曾说:"我多担点大家的意见没关系,只要对学院的发展有利,就应该去做。"

作为学院党委副书记,王渊旭切实履行岗位职责,在做好繁重行政工作的同时,对党务工作没有丝毫懈怠。"2018年8月,上任伊始,学院党委召开中心组理论学习扩大会议,学习贯彻落实省委十届六次全会暨省委工作会议精神,渊旭结合自己的工作实际,畅谈了自己学习省委会议精神的体会及如何把省委和学校党委的部署认真落实到学院工作的思路和办法。这是他首次以学院党委副书记和院长身份表现出很高的政

治站位。"王宏华回忆道,王渊旭在给学院青年马克思主义者培训班和入党积极培训班上党课时,以自身求学、科研经历为例子,向同学们讲述如何培养政治素养,筑牢大学生意识形态工作阵地;如何培养创新精神,做好自己的学业规划。作为党委委员,他常和预备党员谈话,了解基层学生组织发展情况以及预备党员党性修养状况等。在大多数人的印象中,王渊旭是一名专家、学者、院长。作为一名共产党员,毋庸置疑,他也是优秀共产党员的代表。

在副院长赵高峰的眼里,王渊旭总是能站在一定的高度看待问题、解决问题,他为人低调谦逊,心中有大格局。谈起与王渊旭共事的经历,赵高峰几度哽咽:早在担任院长之前,王渊旭就屡次拿出自己的科研经费帮助其他老师购买科研设备;当设备需要更新时,他又拨出自己的经费重新购买。尽管经费有限,王渊旭在注重课题组发展的同时,还经常雪中送炭、帮助其他课题组解决燃眉之急,尽心尽力地帮助每一个能帮的人,从不推脱。

国际化是"双一流"建设的基本内容,也是实现"双一流"建设的必由路径。国际合作与交流处毛立群处长回忆到,"王渊旭对国际化办学有着深刻的理解,对学院通过国际化实现跨越式发展有着清晰的思路"。她曾给王渊旭发信息,希望学院能够给海外引智办公室推荐负责引智项目的科长,不到十分钟便得到他的肯定答复,推荐了一位优秀的年轻博士。而在这之前,国际合作与交流处已经从物理与电子学院调走了一名优秀辅导员。

王渊旭曾任河南大学第四届学术委员会自然科学学部秘书长,作为学术委员会委员,王渊旭关心研究生培养,心系学校科研发展。在做好自身科研工作的同时,深入一线调研,积极就学校发展建言献策,曾代表学部就完善研究生培养机制和促进学科建设作专题发言,为学校"双一流"建设贡献智慧力量。

无论是作为专家学者、学院院长,抑或是学校学术委员会委员,王渊旭总是能着眼于学校和学院发展的整体大局,着眼于学校"双一流"建设的宏伟大业,有时甚至会放弃个人利益来成全他人。在他眼中,整个团队的凝聚力和整个河南大学的发展更为重要。

(三)敬业、严谨、认真,他言传身教

一个人的伟大,并不是说他自己的力量有多么强大,而在于他影响了多少人。王渊旭作为师者的魅力之一也在于此。

严谨认真是王渊旭最显著的工作作风,也是王渊旭留给身边人最深刻的记忆之一。2018年10月,河南大学迎来教育部本科教学质量审核评估,其中有一个环节是院长代表学院向教育部专家进行专题工作汇报。"我们能想到的是常规的汇报方式,而王院长提出了自己独特的汇报思路。"参与制作汇报PPT的老师对这段经历记忆犹新。王渊旭对整个汇报过程"高标准、严要求""小到PPT中的一张配图,大到整个讲解流程的设计,王院长没有放过一丝一毫的细节。前后修改长达一个月,评估前一周反复试讲6次。虽然并未按预先计划得以展示,他却安慰大家不必气馁,认为这是对学院工作的又一次梳理总结,并非全然无用。"这次准备过程中梳理出来的"专业基础、思辨意识、创新能力、国际视野"等人才培养理念和"一堂课、一份试卷、一份毕业设计"等具体措施,将贯穿学院人才培养的全过程。

2006年,王渊旭完成日本物质材料研究所博士后研究工作后,来到河南大学工作,相继受聘为黄河学者、省特聘教授。在同事们眼中,他是潜心工作的好搭档,是不折不扣的"熊猫级学者",是团队的主心骨,总能切实解决好专业领域的问题。"王老师的学术研究成果很丰富,我们每次向他请教问题他都会主动应下,永远知无不言。"他带领团队致力于新型能源材料-热电材料的研究工作,提出了层状热电材料导电的物理机制,发现了热电材料中的能谷简并、纳米热电材料中的量子限域效应以及阴离子基团构型差异与热电特性的关联,得到了国际热电学会主席华盛顿大学教授杨继辉、北京航空航天大学教授赵立东、日本大阪大学教授Ken Kurosaki、美国加州理工学院教授G. Jeffrey Snyder、澳大利亚南昆士兰大学教授陈志刚等的肯定和认可。

王渊旭先后主持国家自然科学基金项目3项,教育部新世纪优秀人才支持计划、河南省杰出青年基金、河南省高校科技创新团队支持计划、河南省高校科技创新人才支持计划等省部级以上人才项目多项,获河南省教育厅科技成果奖一等奖2项。他申报的2019年度河南省科学技术进步奖已通过网络评审,并完成了会议评审环节。发表第一作者及通讯作者SCI收录论文120余篇,其中2012年以来以通讯作者身份发表影响因子3.0以上的SCI论文50余篇。曾获评2016年度河南省优秀博士学位论文指导教师,连续7年获河南省优秀硕士学位论文指导教师。

每一份成绩的背后都是由汗水浇铸而成。在学生们看来,他是认真负责的好老师,对待科研认真严谨,修改论文一丝不苟。发给他的论文总是在当天得到修改稿,上

王渊旭在指导研究生

面满是他的"圈圈点点",甚至连错误的标点符号都一一指出,这些批注总能让学生收获满满。师从王渊旭的硕士研究生张小静如今已经毕业,但数年前的一次实验中,因为自己马虎算错的那组复杂数据,她至今仍清晰地记得,"当王老师将全部数据重新算了一遍,并把正确数据摆在我面前时,我深感内疚和自责。"润物细无声,王渊旭用行动和榜样的力量将严谨认真的学术态度传递给了学生,一届届学生们也自觉地将这种作风发扬光大,在各自的岗位上如恩师般发光发热。

(四)爱才惜才,他对青年人的成长发展无私支持

他时刻站在学院整体提升的高度,支持着青年教师的成长进步。在物理与电子学院 B 座六楼大厅走廊,有一间约 10 m^2 的实验室,它并不惹人注意,却是陈珂心底最大的感动。2018 年,陈珂从北大学成归来,迫切需要实验空间开展研究工作。"对于做科研的人来说,场地无疑是最重要的。但当时学院资源有限,难以腾出多余的实验空间。"作为一个新回来工作的青年教师,陈珂只在偶然间向王渊旭提起一句,并没有抱太大期望。但王渊旭却默默把他的话记到心里,克服困难在六楼走廊的空地上搭建起一个小隔间,用作陈珂的实验场地。他尽自己的最大努力去满足每一个教师的发展需求,因为他明白,学院的发展离不开每一位教师的艰辛耕耘,而他的责任就是为这些人的发展提供最大的支持。接下来的一年里,在王渊旭的建议下学院又为陈珂解决了 94 m^2 的实验用房。或许在一般人眼里这不算什么,但这 100 多 m^2 中饱含的却是对青年

教师的关注与支持。

不仅是青年教师，王渊旭也时刻关注学生的成长。"和王老师相处的日子，总是如沐春风，充满希望。"2014年出站的博士后杨癸回忆恩师时说道。如果用一个词来概括王渊旭与学生的关系，那便是亦师亦友。在潜移默化中影响学生是他的风格，比起言传，他更注重身教。

对于王渊旭来说，学生的学业重要，但生活和身心健康也不容忽视。张小静回忆道："他不仅关心我们的科研，还像父母一样关心我们的生活，甚至比父母更细心。记得读研一时，每次放假，王老师都会叮嘱我到家了要给他发短信报平安。研二的时候，我放年假晚走了几天，王老师就问我在学校还有饭吃没？宿舍还有暖气没？"冬天的手机是冰冷的，但王老师的关怀却是暖暖的。要求学生每次到家报平安，已经成为王渊旭关爱学生的习惯。每当学生需要帮助时，他总是第一时间伸出援手。学生对开封不熟悉，他亲自当"导游"，带他们品尝开封美食；学生钱不够，他就自掏腰包帮学生解决燃眉之急；学生生病了，他没有时间，便委托妻子陪着学生去医院看病。

学生们在对老师不幸逝去感到遗憾和痛心的同时，更多的是坚定以老师为榜样而继续奋斗的决心。云山苍苍，江水泱泱，先生之风，山高水长！

（五）把学院风格搬到家中，他早已将家校融为一体

记者来到王渊旭家中，迎面的客厅大门装修风格与家中整体设计似乎有所不同——仔细观察就会发现，门框周边的暗红砖墙竟与物理与电子学院大楼外观所用红砖一模一样。回忆起当初装修的情形，王渊旭的爱人李晓红觉得一切仿佛还在眼前，"那段时间他没空管装修的事情，唯有这面墙和这扇门是他亲自设计的。"对寄予了爱和温暖的家，每个人都希望自己能够亲自参与规划，设计出自己期盼的模样。王渊旭投身工作无暇顾及，却唯独将学院日日可见的红墙设计到了家中。"他把学院搬进了家里，更是放在了心上。"

"他太累了。"在王渊旭岳父的记忆里，他总是很少在家，即使回到家里，也总是忙于学校与学院的工作。"在他的心里，学校就是家、家就是学校，两者已经分割不开了。"

"人要懂得感恩，我们能做的就是努力工作、努力学习、努力回报河大。"在王渊旭的成长中，得到了学校各方和学界同行的大力支持和帮助，生病期间更是得到了学校

领导的关心和关爱,对此李晓红总是念念不忘。王渊旭与爱人同在河大工作,儿子在河大附中上学,在王渊旭看来,河大是整个家庭依靠的支柱,家人得到他最多的嘱咐就是要学会感恩、回报河大,这也深深影响了他身边和受教于他的每一个人。

尽管平日工作很忙,几乎没有时间陪伴孩子,王渊旭与儿子王锐的关系却十分融洽。"虽然他不常在我身边,但我们的心是紧紧抱在一起的",回忆起与父亲相处的过往点滴,王锐说,父亲就是他心中的一道光,完美得几乎挑不出任何缺点。他永远话不多,但他脸上总是挂着招牌式的微笑,总是会把别人的需要、别人的事放在心上。"有一次,我请爸爸帮我拿一个东西,我问他'需要说谢谢吗',他说'不用,懂得感恩就好';病重的那几天,我去看他,他对我说了一声'谢谢',那一刻,我从未觉得他说的这两个字如此响亮。"

"所以,你的父亲是夜空中最亮的那颗星。"记者说。

"可是,这颗星是我的太阳。"王锐低头沉默。

"人的生命相对历史的长河不过是短暂的一现,随波逐流只能是枉自一生,若能做一朵小小的浪花奔腾,呼啸加入献身者的滚滚洪流中推动历史向前发展,我觉得这才是一生中最值得骄傲和自豪的事情。"这是"时代楷模"、国际知名战略科学家黄大年在入党志愿书中写下的誓言,有人对照王渊旭的事迹说,他,便是我们河南大学的"黄大年"。

"我们只能以更好的工作来报答王院长。我们要学习他的高尚品质,化悲痛为力量,砥砺前行,以更加优异的工作业绩告慰长眠的王院长。"这是物理与电子学院所有师生的心声,也是身处"双一流"建设历史关键时期中的每一个河大人应当从中汲取的精神力量。

历史的洪流滚滚向前,愿逝者安息,愿每个人都能在这条长河中溅起属于自己的那朵浪花。

(吴继娟,杨艺,董育聪,刘明赛,张晓曼)

六、白莹:科教路上的奋斗者,勇攀高峰的领路人

初见时,还未交谈,就听到她爽朗的笑声。她和蔼可亲的笑容衬着圆圆的面庞,亲切随和又热情真诚。"我只是做了一名教师、科研工作者应该做的分内事,请大家多关心关注一线教师和科研人员。"采访伊始,白莹老师就谦逊且诚恳地说。如果不是之前做了充足的功课,我们很难相信眼前这个素面朝天、衣着质朴、笑声爽朗的"邻家大姐"拥有河南大学特聘教授、博士生导师、物理与电子学院院长、中原英才计划——中原青年拔尖人才、河南省高层次人才、河南省文明教师、河南省高校科技创新团队带头人、河南省高校科技创新人才、河南省新能源材料与器件国际联合实验室主任等多个头衔。然而,随着交流的深入,我们愈发感觉到白莹老师的人格魅力和她竭心尽力投入科学研究、教书育人、服务师生事业的"伟大"。

(一)执著追求,勇攀高峰

她自 2003 年开始从事高性能二次电池关键材料与技术基础研究与应用基础研究,工作初期面临实验设备简陋、经费严重不足等诸多困难,她白手起家、努力钻研,数十年如一日,创建了高性能二次电池课题组,取得了一系列创新性研究成果。近五年来,发表 SCI 收录论文 30 余篇,其中以通讯作者在 *Nano Energy*、*Advanced Science*、*Chemical Engineering Journal*、*Nanoscale*、*ACS Applied Materials & Interfaces* 等刊发表论文 17 篇,其中高被引论文 4 篇,总被引次数 2 500 余次,H 因子 31。申请国家发明专利 34 件,获授权 17 件,其中 1 件已实现成果转化,取得了可观的经济效益和较好的用户评价。获河南省科学技术进步二等奖和三等奖各 1 项。先后主持国家自然科学基金面上项目 2 项、青年基金 1 项,国家重点研发计划子课题 1 项,河南省高层次人才特殊支持"中原英才计划"项目及河南省高校科技创新团队项目各 1 项,河南省高校科技创新人才 1 项(结项考核获评"优秀"),河南省科技创新引智基地项目 1 项,河南省科技厅科技攻关计划项目 2 项。

作为高性能二次电池研究团队的负责人,她时刻聚焦国内外最新的学术动态和国际前沿成果,总是第一时间将文献资料、学术信息分享给团队的师生们,带领大家一起攻坚克难。白天行政工作较多,为了平衡科研,她经常加班至深夜查阅文献、晚上十点

多还在实验室与研究生讨论课题、早上七点就到实验室展开工作;二胎时,同学们说不知道白老师会休息多久呀,结果刚坐完月子第二天她就开始上班。同学们背后都亲切地称呼她"钢铁侠"。她坚持每周六下午与团队老师和研究生们交流工作进展,梳理研究思路,探讨研究中出现的问题及解决方案。

(二) 传道授业,诲人不倦

博士生导师陈立泉院士、硕士导师莫育俊教授在科研上严谨认真的态度和师生间亲密温暖的感情都在潜移默化中深深影响着她。从教之后,她以导师们对她"学高为师,身正为范,为人师表者,方能教书育人"的叮嘱作为座右铭,严格要求自己,把教书育人、传道授业作为自己毕生不懈的追求。多年来,用自己追求卓越的态度和教书育人的坚守,诠释着对科研工作的热爱和对教育事业的忠诚。多年来,她就像一只陀螺,几乎全年无休,仅在春节的时候休息2天,大年初三就开始上班。访谈间隙,她多次喉咙不舒服,询问后才知道是因多年来为确保学生都能听得清、上课声音大,导致严重的慢性咽炎。

白莹(中)和学生们在一起

在白莹的心里与学生不仅是师生,更是亲人。"今年一月底开封突发疫情,我和实验室几名同学寒假滞留学校未能回家,春节将近又天降暴雪,就连食物和饮用水都成问题。就在大家既恐惧又无助时,白老师连夜冒着大雪给我们送来水果、面包和牛奶等生活必需品。更令人感动的是,怕我们想家、吃不好,大年初一又给我们送来家里做的年饭!""还有,白老师在美国做访问学者期间,为了在不影响我晚上休息的情况下及时与我沟通工作进展、修改文章,多次牺牲自己的睡眠时间,克服时差,通过网络电话与我沟通交流。我没有因为白老师出国影响工作,硕士毕业时发表了 2 篇 SCI 论文。"谈到白莹老师时,物理与电子学院 2018 级博士研究生孙姝纬热泪盈眶。"2016 年我在上海读博士,因为开封至上海的动车全部升级为高铁,票价从 230 元涨到 422.5 元,无意间在朋友圈发了一条回家票价上涨的感慨,白老师看到后立马给我发来信息说:'不要心疼路费,车票给你报销,安心回家!'"谈到老师时,物理与电子学院 2011 级硕士生、2018 年入职的青年教师郁彩艳几度哽咽。"白老师因为给我改文章晚上很晚才回家,因为天黑看不清路掉进井盖缺失的下水道导致腿部大面积受伤,多年过去腿上依然留有明显的伤疤,但白老师怕我内疚从未跟我提起过此事。"物理与电子学院 2016 级博士研究生潘都惭愧而又心疼地说。"还有,去年有一个项目申报快要截止前,白老师带着我们在实验室熬了一天,晚上将我们赶回去休息,自己却又回到了实验室改了一夜申报材料,她那时已经整整 36 个小时没有睡觉了,她对科研工作的极度热忱,对学生的细致关爱,让我们感动不已,从她身上学到的东西让我们受益终身!"物理与电子学院 2019 级博士研究生吴晓雷感慨地说道。

  教学工作中,她鼓励一线教师主动尝试灵活多样的教学模式、教研与科研融会贯通、思政与课堂相结合,最大限度地激发学生的学习热情。她自己也非常注重将'思政'元素巧妙地融入专业课教学,培养学生的爱国情怀和历史担当;将专业知识与历史事件、科学家的励志故事和科学发展脉络相结合,弘扬格物穷理的求真精神,同时注重学生的身心健康和全面发展。在讲授《现代光学》课程关于望远镜章节时,她饱含深情地讲述了 500 米口径球面射电望远镜——"中国天眼"的建设过程和天眼之父——南仁东先生的故事,将思政教育自然地融入专业课堂中,潜移默化地促进学生们树立正确的人生观和价值观,真正做到了"润物细无声"。此外,通过课堂科普视频、DIY 小实验等多种方式让学生对生活中的物理知识形成直观的体验,将抽象的知识点变得简单易懂。

(三) 披荆斩棘,把舵领航

  "从物理学院到研究生院,再从研究生院回到物理学院工作,觉得特别亲切,也感觉到责任很重""物理学院敬业励学的院风和研究生院无私奉献的精神都深深影响了我"。在做好一线教学科研工作的同时，她还兼顾学院的行政事务，与学院党政领导班子一起，多次认真研究政策文件，组织资料查阅、现场调研、个别谈话、系室座谈，召开征求意见座谈会、讨论会、专家论证会，拜访请教专家以及向学校领导和职能部处领导汇报沟通等，为学院在第二轮"双一流"建设背景下的发展明确了目标和路径。

白莹在谋划学院的发展

"为了学院的集成电路新工科学科专业建设和平台申报，白院长费了很多心，里里外外考虑得很周全，还经常和老师们一起讨论建设方案、整理和修改各种申报材料。记得在向省科学院汇报集成电路产业学部建设规划过程中，由于没能很好地领会有关要求，加上时间紧、任务重，我们前期整理出来的材料比较粗糙。为了赶上第二天向省科学院汇报，白院长带领大家通宵达旦一起讨论修改完善申报材料。"谈到白莹的忘我工作精神，河南省特聘教授郑海务由衷地说："这是我来河大工作以来，少有的由学院主要领导亲自带领老师们通宵整理申报材料，让我印象特别深刻，也为白院长忘我拼搏的精神感动。"

从18岁进入河南大学物理系学习，到28岁博士毕业回到母院工作，24年来，她早已将自己的一切与河南大学、与物理与电子学院，与她深爱的科研和教育事业深深地融为了一体。在采访即将结束时，她满怀信心地说"相信学院在大家的共同努力下会越来越好！"她在行动，物理人在行动！

（学生记者：欧阳培敏）

七、张锦龙：开张天岸马，奇逸人中龙

十月的河南大学金明校区，特种功能材料重点实验室五楼的可编程控制室不时传来"啪嗒、啪嗒"的落棋声。一张自制的棋盘，一盆被精心修剪过的芦苇花，一张记载着实验室成员的生日表，这里有老师、有学生、有朋友、有一段段暖心的故事……

（一）科研，三旬尚远浓烟散

干净利落的休闲服，整齐修剪的头发，亲切阳光的笑容，张锦龙一出场，便颠覆了我们对"理工男"的普遍认知："我的个人经历也没什么特别的，简简单单，说不上出彩。"在轻松愉快的氛围中，张锦龙开启了"自黑"模式："初三那年我痴迷于游戏，以至于没有考上理想的高中，那时才对自己狠下心来，可以说这是我人生中的一个转折点。"有过励志的青春岁月，张锦龙深知"压力"对自己的意义："压力都是自己给的，不是别人施加的，因为压力，才有动力。"

张锦龙在科研实验

在科研道路上，"压力"也扮演了重要的角色。"张老师对待科研严谨认真，追求完美，不只是对我们，对自己要求也非常严格。"物理与电子学院2016级研究生许璐瑶崇拜地说道："他做起实验来特别投入，经常会忘记吃饭，工作忙时甚至会通宵做实验。"对于自己在科研方面付出的努力，张锦龙说得轻描淡写："科研起步往往是艰难的，但实验过程有很多乐趣，每次做实验时都会发现新事物，实验成功的成就感也无法言

表。"谈及坚持科研的原因,张锦龙沉吟思虑间,缓缓说道:"不只是因为热爱,还出于责任和压力,对科研、对学生、对自己的责任,我从内心重视科研,才会全身心投入科研。"

正是因为对科研的热情,自身的压力和责任,以及独特的方法,才使得他的科研成果如此丰硕:张锦龙在光纤光栅传感器、波导光纤放大器、集成光学器件方面参与过多项"863"、国家自然科学基金和省部级科研项目。在光纤传感领域和通信领域发表相关文章四十余篇,其中被SCI、EI检索的论文多达30余篇,特别是在光传感领域先后主持过校级、省级、国家级项目,并且在卫星导航等方面均有涉猎。

对科研而言,单纯的投入是不够的,创新才是科研的精髓。"灵感不是在实验室里啃书本就会出现的,两个不相干的领域往往会碰撞出许多火花,我平常会读一些与自己研究领域不相关的论文,从中可以得到新的思路。"关于创新的灵感来源,张锦龙有自己的一套方法。对于学生,他也是同样的要求,实验时注重引导、锻炼发散性思维,组会上进行头脑风暴,通过讨论开阔视野,平时和学生一起下棋、玩"谁是卧底"。"每次和张老师一起做实验,他都会循循善诱地引导我们,这就是所谓'授人以鱼不如授人以渔'吧。"许璐瑶笑着说道。

(二)教学,一如年少迟夏归

未出土时先有节,已到凌云仍虚心。张锦龙副教授为人谦逊,当谈及自己在教学方面的成绩,他总说知识的领域是无边际的,我们所知不过是冰山一角。他教授的单片机、电路、电子测量、现代交换技术、现代光通信技术等课程,先后多次获得河南大学教学质量奖。即使这样,他仍悉心培养学生,不争名利。"高颜值,高内涵,高智商,科研高水平。"2016级研究生张郑琰以"四高"如此评价张锦龙。课堂幽默风趣,积极引导学生自主思考,将复杂生硬的理论知识讲述得简易生动。张锦龙老师道:"我们会创造条件让学生们多交流思考、多借鉴升华,定期组织实验室团队文化,让知识在讨论中摩擦迸发出火花。"高标准,严要求,无论对己,还是对所带学生,张锦龙老师对待科研的标准从未降低。

老师有话说:科研事业是严谨的、细致的,容不得一丝偏差,对于一名教师、一位长辈来说,更担负着一种责任,一种教书育人的职责。

给学子们的建议:要把握好大好时光,不要怕付出,不要怕努力,给自己找好方向,遇事给自己一些压力,这样才能全身心地投入进去,才能真正把一件事做成,做好。

张锦龙在指导研究生做实验

(三) 生活,报答春光知有处

情不知所起,一往而深。"我年幼时便喜爱捣鼓家中小物件,总想研究每个东西的构造。"张锦龙老师怀着想知道一切事物原从何来的小小好奇心,脑中对于工程的热爱一点点膨胀。一路成长不改所爱,"我博士毕业时,导师要求留校北京邮电大学,这对于我是极具吸引力的。可物理与电子学院院长顾玉宗对我说:'你的导师需要你,但是,物理学院更需要你,家乡更需要你。'这句话让我不再犹豫,毅然回到河南大学。"不忘初心,始终坚定地朝向心中所期的"象牙塔",手里紧紧拽着开启理想殿堂的钥匙,直步向前。

"伏久者,飞必高。"物理与电子学院张彦波老师如此干练地评价道。机会总是垂青那些有准备的人,张锦龙老师懂得搞科研稳扎稳打,要一步一脚印向前迈,在平凡踏实中完成自己的本职工作,扎根河大,辛勤奉献。"做事分清缓急轻重,处理事情井井有条,有担当;性情和顺,团结同事,阳光温暖,积极乐观,他给我感觉更多的像是亲人,而不只是同事。"张彦波老师真诚地说道。

学术上的导师,生活中的玩伴,亦师亦友,诚心以待。2016级研究生禹文豪说道:"与张锦龙老师相伴随行的时光总是很欢乐。我们曾脚踏小黄车,优哉地骑行在河大校园;有时放慢步子歇歇脚,躺在体育场,拥入星空的怀中,共赏一轮明月。与张锦龙老师相伴成长的时光总是暖暖的,从凌晨到黄昏,实验室对于我们是个家一样的存在。"

张锦龙老师以情育人,热爱学生;以言导行,诲人不倦。人生乐在相知心,陪伴方知相忆深。

(郭婷婷,田昊,王淑雅,辛沛玲)

八、他把量子力学讲成了大白话

讲着量子力学的大学教授不一定都是"老学究",还有可能是戴树玺。

12月1日,44岁的戴树玺两眼的灵光穿透镜片,交织着敏捷的思维,抄起记者抛出的话题侃侃而谈。与实验室和讲台上的身份有所不同,在网络上,他俨然已成社会科普的"网红大咖"。自从接触到今日头条和抖音,"爱较真的戴老师"用通俗、风趣、大众又不失严谨的科普方式,赢得了100多万粉丝和累计20亿的阅读量。

戴树玺在科普直播

(一)一次"悟空问答"引发的科普热潮

1976年,戴树玺出生于河南省开封市。1994年他考入河南大学,从此人生一路"开挂"——硕士毕业后留校任教,此后又拿到了中国科学院博士学位,赴日本东京理科大学从事博士后研究,相继在美国马萨诸塞大学阿默斯特分校、香港科技大学做访问学者。

他先后主持国家自然科学基金、教育部留学归国人员基金和河南省自然科学基金等科研项目,发表SCI论文30余篇,获授权专利5项,获河南省科学技术进步奖二等奖1项。早在2013年,37岁的戴树玺就已评上了正教授职称。

2014年,戴树玺从河南大学特种功能材料教育部重点实验室调入物理与电子学院,开始给本科生上课。为了让学生更好地理解课本上的知识,戴树玺经常搜集相关素材,增加一些当前科技进展的内容。久而久之,戴树玺的科普意识更强了。

2017年年底,戴树玺在翻阅今日头条APP时收到了"悟空问答"的一条关于量子力学的提问,刚好当天讲的课就是相关内容,于是戴树玺做了答题,便一发不可收拾。答了10多道题的时候,头条科学负责人联系到了他。在对方的邀约下,戴树玺注册了科普自媒体"量子实验室",并成为"悟空问答"的签约作者。从此,他几乎每晚都要回答网友提出的科学问题,每次篇幅500字以上。至今,他在今日头条上共回答科学方面的问题1 000多条,共获展示量13亿,点赞24万人次;发布图文微头条4 600多条,总阅读量6.1亿,获赞195万。

(二)"较真"就是严谨的态度和精益求精的追求

今年3月疫情期间,从香港访学返回的戴树玺居家隔离,处于"空档期"的他开始关注科普视频。他认为,相比图文形式,视频可以更形象地展现出来自己想要表达的内容,科普效果更好。便开始尝试视频创作,并于6月30日发布了第一部中视频《摇摆的台积电,与华为和大陆市场渐行渐远?》。视频以华为自研芯片生产风暴为背景,讲述了世界最大的芯片代工厂商台积电在这场风暴中的位置,以及摇摆站队态度的原因。整个视频5分23秒,却斩获了458万次的播放量。

考虑到能更方便地与读者交流互动,在今日头条运营老师的建议下,戴树玺将账号"量子实验室"升级成了"爱较真的戴老师"。那么,戴老师有多较真呢?今日头条曾专门为他做了一期开屏,上写着这样一句话:"较真是保护色,爱折腾是真内核。"戴树玺理解的"较真",就是对待科学要讲究严谨的态度,内容上要精益求精。为了弥补视频制作的技术"短板",他还找了媒体专业的小伙伴们组队合作。戴树玺负责把控文稿、素材搜集和配音,小伙伴主要负责稿件编辑和视频制作。几乎每周,他都要在今日头条上发布一期大约10分钟的中视频。每期视频的诞生,从选题的讨论确定之后,都要经历10天的"孕育"时间——两天写成初稿,两天打磨,根据小伙伴的提议进行两天的修改,然后是三天的视频制作流程。

今年8月,戴树玺还开通了同名抖音号,他会将中视频的文稿内容拆分或者改短,配以动画制作,以每周3期的频率发布。不到4个月,抖音号"爱较真的戴老师"发布作品47件,吸粉97.8万人。

今年9月,"爱较真的戴老师"入选今日头条"科技未来星"计划。今年10月,"爱较真的戴老师"关于碳基芯片的视频,参加今日头条和中国科协举办的全国科普日短视频大赛,获得"十大最受欢迎科普视频奖"。

(三)"科普就是用大白话讲科学"

"学过中学物理的人,都能看懂我的科普文章和视频"——这是戴树玺给"爱较真的戴老师"的定位。

戴树玺的粉丝,年龄30~50岁的占60%以上,大多数为男性。"这个人群思想比较成熟,更加关注国家的科技发展。"为了达到大众传播的效果,戴树玺将创作重心放到了稿件的打磨上。"'磨'什么?就是将专业名词通俗化,就是用大白话讲科学。"如何既精准又通俗地展现所要表达的内容,决定了科普的受众面。

视频如何选题?戴树玺时刻瞄着科技热点。美国对华为制裁的大背景下,很多人对芯片十分关注,但很多人不知道芯片是怎么回事,于是他结合自己微纳加工专业的知识背景,做了芯片制造技术的系列科普视频,介绍芯片制作流程、什么是光刻机、世界和我国半导体发展历程等问题。

"做科普就是为了让更多人关注我国的重大科技进展,了解到中国从科技大国到科技强国的转变,希望公众能更好地理解和支持我国的基础科学研究。"戴树玺说。与粉丝的互动,也会给他带来很多选题的启发。

今年诺贝尔物理学奖公布后,有粉丝留言想了解一些关于得主罗杰·彭罗斯的一些成就。他获诺奖的课题是黑洞方面的研究,当时媒体的报道已经铺天盖地。戴树玺换了一个角度,讲了一期罗杰·彭罗斯关于量子意识的争议性研究,《意识是人类的幻觉,还是量子力学产物?》。罗杰·彭罗斯认为人的意识是量子行为所引起的。

戴树玺正在制作的新一期视频,也是对该话题的延续——《生命是什么?为什么生命都懂量子力学?》。他提出,在最近20年的研究表明,光合作用、酶催化、鸟类导航或嗅觉等生命现象,可能都应用到了量子力学中的相干性、量子隧穿和量子纠缠等特性。也许在长达数亿年的自然进化中,生命早已经懂得量子力学,学会利用量子效应,而我们还一无所知。

戴树玺发布的视频内容,不仅仅只涉及科普,还有关于大学专业选择、读研读博、职业规划等内容。粉丝经常跟他互动交流,他也会像一位"知心老大哥"一样,尽可能地为粉丝解惑。

(四) 同频共振的学校课堂与社会科普

在大多数人看来,物理课可能会因为专业性太强而显得枯燥乏味,但戴树玺的学生们并不这么想。

"戴老师讲课,就像是讲故事,特别有意思!"河南大学物理与电子学院2019级学生许宇航告诉河南商报记者,戴树玺不只是讲课本上的知识,还会结合时事讲一些业内顶尖的科技成果,极大拓展了学生的知识面。他还会鼓励学生"走出课本",做一些与课本知识相关的小调研。

许宇航是戴树玺的忠实"粉丝",时刻关注他更新的视频。"与我看过的其他科普视频不同的是,戴老师的视频既有专业性,又能用通俗的语言表达出来。"许宇航说,戴树玺的视频,不仅仅物理学专业的人能看懂,其他专业的人也能看懂,而且有兴趣去看,受众面广了很多。

"做科普不仅没有耽误我的正常工作,反而对我的课堂有很大的促进作用。"戴树玺说,想要持续的输出,就要大量的输入。为了做科普,他查阅了大量文献资料和新闻报道,提升了自己的知识结构,也丰富了课堂内容。更重要的是,将国家先进科技进展融入课堂,增加学生的自豪感和凝聚力,也是理工科讲好"课程思政"的一种形式。

作为社会智力资源的载体,高校主要承担着人才培养、科学研究、社会服务、文化传承与创新四大职能。"做好科普,是回馈社会最直接的方式。"河南大学物理与电子学院党委副书记、副院长白莹说。据白莹介绍,该院定期组织教师带领学生到中小学开展"物趣小课堂"活动,演示物理小实验,学习科学知识,感受物理奥妙,激发学生探索科学的兴趣。该院还承担了河南省"中学生英才计划"的培养工作,被遴选的优秀高中生利用周末和寒暑假时间,来到该院接受大咖级导师的指导,参与科研实验和课题研究。她说:"戴老师将物理课堂搬到了网上,特别是在今日头条、抖音这类大平台,能够服务更多的人。这种社会科普'自选动作',应该大力提倡!对学校课堂与社会科普同频共振的优秀人才,学院将进一步加大支持力度。"

(记者:宋红胜)

第七章 历史印迹

一、河大过往

纸上得来终觉浅,绝知此事要躬行

——物理与电子学院文化建设纪实

● 开篇的话

明朝学者在《答郑仲辩》中有言:"其无待于外,近之于复性正心,广之于格物穷理。"千百年来,先人们正是秉承着"格物穷理"的精神,一步步探索天地之间的道理,推动科学技术的进步,坐落于河南大学金明校区的物理与电子学院亦是如此。从1923年到2016年,在近百年的发展中,一代代热爱钻研的学人相聚于此,秉持"复性正心、格物穷理"的精神,以推动科技进步、服务社会发展为己任,艰苦奋斗,兢兢业业,将自身发展与推进高水平大学建设、实现百年名校振兴紧密结合起来,取得了一个又一个令人瞩目的成果。

三座现代化大楼和一座锥形报告厅,构成了现在的物理与电子学院,安居学校一隅,不事浮华,像风雨共济的手足,共同守护着物理与电子学院的成长,犹如几个支点,为河大理工科的发展撑起了一片天。

● 百年积淀,薪火相传创辉煌

物理与电子学院的前身为中州大学数理学系,始建于1923年,是河南大学设立较早的院系之一。从建院初期的平稳建设,到动荡年代的流亡办学,再到1950年代的院系调整,物理与电子学院的发展和国家命运紧密相连。1980年代中期,得益于国家和学校的支持,学院的专业和学科建设得到快速发展,物理与电子学院终于在风雨之后迎来了发展的"黄金时代"。而这个"黄金年代"与一个人的名字息息相关,那就是朱自强。无论是物理与电子学院的发展还是河大的理科复兴,朱自强都是当之无愧的扛鼎之人。

朱自强是中国实验物理学奠基人胡刚复的关门弟子,是一个才华横溢的科学家,学术研究涉及物理学、化学、生物学、数学和材料科学等诸多学科,在许多领域都颇有建树,尤其在理论原子核、电法测井、计算数学、光化学和有序分子膜等科学领域都取得了创造性成果,是国内纳米材料最早的研究者之一。1985年,原在吉林大学工作的他,作为学科带头人被引入河南大学,任物理系主任,从此在河大扎下了根。在理科建设"百废待兴"的状态下,朱自强从一个"烧杯"开始做起,用其扎实丰富的专业知识,鞠躬尽瘁的科研精神,带领一批饱学之士"开疆辟土",为河大理科的建设作出了卓越贡献。

通过富有激情的艰辛努力,朱自强在来河大工作不久便创建了固体表面研究室——这是自1950年代院系调整后河大第一个真正意义的科研实验室。他带领同行在该实验室开展LB膜(有序分子膜)的研究,也带动着河大理科科研工作步入新的阶段。其后招收凝聚态物理学硕士研究生,并为河大争取到第一个物理学硕士学位授权点,从而确立了河大物理学科的发展方向——由教学型迈向科研型,为河大物理学科及实验室的建设与发展奠定了坚实的基础。

"朱先生常说,你要把八小时内外分得很清,就干不了科学研究,就做不成啥。"朱自强的研究生、现特种功能材料教育部重点实验室主任杜祖亮回忆道。在朱自强眼里,科研时间不论朝九晚五,在实验室干到凌晨两三点是常有的事。1991年,朱自强被查出患有慢性淋巴性白血病。即使身患绝症,他依然坚持站在科研和教学的一线,病情最重时甚至坚持坐在藤椅上给研究生上课。从发现病患到去世的4年时间里,他只住了两次院,加起来只有3周。平常除了定期去校医院检查,都是自己买中成药治疗。在61岁那年,朱自强被病魔带离了他毕生热爱的事业。在河大十年,作为学者的朱自强,主持完成近20项国家和省部级研究课题,是河南省第一个主持并完成国家科委"863"高科技项目的科学家。他在国际、国内学术会议和核心学术期刊上发表学术论文百余篇。在河大十年,作为师长的朱自强,为学校培育了一批优秀的科技人才——张伟风、杜祖亮、张治军、宋纯鹏等河大物理、化学、生物等学科的顶尖人物,或是他的学生,或曾得到过他的指导。

2005年,在纪念朱自强逝世十周年的学术报告会上,时任河大校长关爱和深情告白:"朱自强先生的一生是奋斗不息的一生。他为河大理科发展作出的贡献,他崇高的精神和人格,永远铭记在河大人的心中。他为河大创建的科研基地和取得的科研成就,将永远成为我校进一步发展的基石。"

直到今天,提起朱自强,河大物理学人的脸上仍洋溢着无限的敬佩与自豪。"板凳要坐十年冷,文章不写半句空。"朱自强先生身上艰苦奋斗、鞠躬尽瘁的精神,将影响一代又一代河大物理学人在科研的道路上披荆斩棘、勇攀高峰。

● 躬身科研,人才荟萃显锋芒

从老一辈物理学人的筚路蓝缕到如今青年学者的开拓进取,河大物理与电子学院从来都不缺少有志之士。从1923年到2016年,无数热爱钻研的人在这片沃土上辛勤耕作——把抽象变成具体,把梦想照进现实——物理与电子学因为他们的努力而不断发展壮大。

省特聘教授王渊旭致力于提高热电材料转化效率的研究,"研制出更高效的热电转换材料,是热电物理领域研究者正在积极做的事情。"在光电信息材料与器件教育部重点实验室培育基地王渊旭介绍道,"引领学科发展、走在国际前沿,是物理与电子学院学科发展和科研建设的目标。"为了实现这个目标,河大物理与电子学院的每一个人都没有停止过努力。黄明举课题组首次在光致聚合引发体系中掺入纳米粒子,提高了光盘信息记录的密度和容量;顾玉宗课题组在非线性光学材料与器件研究方面取得新进展,通过调控电荷转移实现了二元半导体与新型碳基复合材料光学非线性的增强,为功能化碳纳米管和石墨烯纳米材料在光子器件上的实际应用奠定了基础。

学院党委书记王宏华在谈及学院发展时说:"学院的建设,归根到底是人才队伍的建设"。物理与电子学院现有教职工149人,其中双聘院士2人、长江学者讲座教授1人、国家杰青讲座教授2人、省特聘教授3人、黄河学者2人、校特聘教授4人、新世纪优秀人才2人、博士生导师10人、河南省教育厅学术技术带头人11人。专任教师中70%具有博士学位,其中三分之一具有海外留学背景和访问研究经历。这样一支高素质、高学历、高职称且以中青年为主体的教师队伍为学院的发展提供了强大的智力支持和源源不断的后备力量。

拥有中国科技大学博士学位的青年教师邝艳敏在物理与电子学院工作刚满一年,和众多年轻力量一样,选择物理与电子学院是因为它提供了比较好的科研平台,让自己的才能有"用武之地"。在她眼中,物理学院是一个科研氛围浓厚、团队配合默契、积极向上的集体,"我希望能在这样一个高水平的平台上,在科研上有所收获,实现自己的价值,同时为学院的发展贡献自己的光和热"。

● 开拓创新,继往开来铸华章

近一个世纪的风雨积淀,一代代物理学人的艰苦奋斗,使物理与电子学院从早期单一的物理学本专科教育发展成为多学科、多层次人才培养和开展科学研究的教学、科研基地。

目前，河大物理与电子学院拥有物理学、光学工程、电子科学与技术3个一级河南省重点学科，并拥有博士后科研流动站和凝聚态物理学博士学位授权点。物理学、光学工程、电子科学与技术3个一级学科硕士学位授权点下设12个二级学术学位硕士点和2个专业学位硕士点。2015年，物理学作为"纳米材料与器件"学科群成功入选河南省优势特色学科建设工程一期建设学科。此外，学院将原有的电子实训、普通物理、电子电工3个河南省高等学校实验教学示范中心进行整合升级，申报国家级物理与电子实验教学示范中心，现已获批，为学院的发展提供了一个更高的平台。

作为河大首批研究型学院，物理与电子学院拥有光电材料与器件教育部重点实验室培育基地、河南省光伏材料重点实验室、河南省光电信息材料与器件重点学科开放实验室、河南省铝镁铜基原位复合金属材料工程实验室、河大测控电子技术实验室等多个高水平实验室，并拥有微系统物理研究所、计算材料科学研究所、光生物物理研究所等多个校级重点研究机构。在高水平研究平台的支撑下，物理与电子学院的科学研究取得了累累硕果。近三年，共承担国家基金项目25项，发表SCI收录学术论文253篇。据ESI数据统计，物理与电子学院对物理、化学、材料3个一级学科的总贡献度居于河大首位。同时，物理与电子学院还孕育了建筑工程系、计算机系、特殊功能材料教育部重点实验室等教学或科研机构，为河大的学科建设和发展作出重要贡献。

作为河大高水平科研实验室之一的河南省光伏材料重点实验室，在省特聘教授张伟风的带领下，积极从事新型光伏材料——量子点太阳能电池、钙钛矿太阳能电池、染料敏化太阳能电池的研发，立志找到"低成本、高能效、环境友好"的光伏材料及太阳能电池。正如张伟风所言："科技的发展是为了人类进步。"河大物理学人正是以这种崇能尚德、经世济用的抱负，刻苦钻研，锐意创新，在引领学科建设、服务地区发展、推动社会进步的道路上，高歌猛进。通过多年的建设，河南省光伏材料重点实验室已初具规模，并取得了初步的阶段性成果，已完成或超额完成计划任务书中规定的各项建设任务，具备承担国家级重大课题研究任务的能力，并与物理与电子学院其他高水平科研平台一道，肩负起河大理科腾飞的理想，带动物理与电子学院乃至河大国家一流、区域引领、中原风格的建设。

● 搭建平台,多元发展显成就

古希腊科学家阿基米德在诠释杠杆原理时曾说:"给我一个支点,我就能撬动地球"。把想法付诸实践,并在尝试、失败、再尝试的过程中不断获得新的认识,这便是物理学的乐趣。作为一个理工科并举的研究型学院,物理与电子学院致力于培养高素质专门人才和拔尖创新人才。在坚持夯实专业基础知识的同时,培养学生的实践和创新能力,全面提高综合素质。

"我们希望培养出实践能力强,适应社会能力强的学生。"原院长顾玉宗将实验教学体系概括为"一条主线,三个层次,五个平台",即以学生为主体,以能力培养为主线,以基础性、综合设计性、研究创新性三层次逐级递进的实验内容为教学模式,以五个实验教学平台加校外实践基地为支撑,构建系统完备的实验教学体系。

2002年,为加强学生实践和创新能力的培养,学院组建实训中心,下设电子实训实验室、电子设计开放实验室等12个专业实训实验室,为学生提供电子实训等基础性实训课程,同时为学生参与创新创业项目提供技术指导、场地、材料等支持。"如果你是在物理方面有想法、有创新思维的青年人,这里就是你施展才华的地盘。"实训中心主任如是说。在实训中心,学生的发明随处可见,比如曾获得我省挑战杯特等奖的"基于无线网络的嵌入式激光条形码扫描系统"、省挑战杯一等奖的"人机交互智能助盲系统"等等。

2010年,学院成立创新实践与开放实验室,鼓励学生进行创新实践,以更大程度地发挥学生的主动性。在每年全国大学生创新创业训练计划中,物理与电子学院获批项目数量连年居河大首位,验收优秀率居全校前列。截至2015年6月,获国家级奖19项、省级奖83项,学生获奖300余人次。

为使学生培养更加适应社会发展的需要,学院还积极通过校企联合、跨校合作,分别与许继集团、中原活塞股份有限公司等省内外6家集团搭建产学研创新平台和实习基地,并与武汉迈川科技有限公司、哈尔滨工业大学等企事业单位进行技术联合开发,在为地方经济建设和特定人才培养等方面发挥了很好的辐射示范带动等作用。

● 学风浓厚,文化传承创新篇

张伟风教授在回答"搞科研最重要的是什么"的问题时,说了两个词:一是"踏实",二是"执着"。而物理与电子学院近百年沉淀下来的艰苦卓绝、精益求精的探索精神,却体现在这所学院的方方面面。一进入物理与电子学院大厅,就能看到学生的实验报告、课堂笔记整齐地摆放在旁边的桌子上。随手翻开一本,都是密密麻麻的公式和条理清晰的演算,而几乎每一本的作业都会有老师用红笔作出的详细批注。走进实验大楼内部,老师和研究生们发表的 SCI 论文贴满了整面墙壁,让人一下子被浓郁的科研氛围所吸引。

2015 年,物理与电子学院物理学专业设立拔尖创新人才培养"明德计划"班,学院要求该班专业课程均由教授授课。即使是功成名就、经验丰富的教授教起课来也丝毫不愿马虎。据白莹博士介绍,张伟风教授每次上课前都要把 PPT 一遍又一遍地进行修改,从公式图表的润色到字母符号的上下标都不肯放过,直到令他自己满意为止。

无论是教师还是学生,物理学人的认真严谨体现在每一个细节之中。王丹丹是物理与电子学院研一的学生,跟随白莹博士进行锂离子电池材料的研究。走进她的实验室,除了摆放在实验台上种类繁多的实验器材外,成堆的论文布满了书桌。"上课、做实验、读文献"构成了王丹丹生活的全部。其实她每周上课的时间算起来只有一天,但她把剩余的时间全都泡在了实验室里,与设备、器材为伴。从早八点到晚十点,即使是一个实验重复了上百遍,她也不觉得累。"当你全身心地投入到一件你喜欢的事情的时候,你是感觉不到累的,反而会很快乐。"像王丹丹这样的学生,在物理与电子学院不胜枚举。

对于物理学人而言,坚持已经成为一种习惯,从而内化为一种不可缺少的素质。2013 级测控专业的王鹏辉是学弟学妹眼中的"技术帝""大神",他曾带领他的团队在全国大学生智能汽车竞赛、电子设计大赛中取得优异的成绩。在 2015 年参加全国大学生电子设计大赛,王鹏辉为按时制作完成"风力摆",在实验室连续"闭关"三天四夜,把"床"都搬到了实验室,一遍又一遍地调试着自己的宝贝机器。

"青山座座皆巍峨,壮心上下勇求索。"在攀登科学高峰的征程中,一往无前,上下求索的精神,已经内化为一种文化基因,在一代又一代物理学人中血脉相承。正如河大原党委书记关爱和所言:"物理学科支撑着河大理工科的发展,是全校理工科进一步发展的基础。"回望物理与电子学院的发展历程,无论是平坦开阔还是曲折艰辛,物理学人始终坚持"复性正心,格物穷理"的院训,与"明德新民,止于至善"的校训一脉相承,把学院的发展与创建一流大学的目标相结合,朝着"双一流"的目标奋勇向前。

盛夏的牛顿广场枝繁叶茂,绿树成荫,显示出无限生机。正如根植于河大沃土中的物理与电子学院,不断汲取养分,发展壮大。

(学生记者:李丹,高顺欢)

一个家族与百年河大的跨世情缘

即使在今天,在上大学期间结婚,也是一件很"前卫"的事。但在59年前的1953年8月8日,在辅导员姚俊哲的操办下,河大学生金击强和杜静远举行了一场"茶话会"式的婚礼,系主任程锡年教授出席并为之证婚。转眼一甲子,两人已是白发苍苍的耄耋老人。说起母校,曾任航空航天部民品司司长的金击强称其深情已融入生命,母校让他一辈子感恩。

据悉,金击强、杜静远夫妇,分别于1950年、1951年入读河大数理系。而自1930年代开始,他们的家族中共有17人先后在河大求学,其中12位为杜姓、5位为家属(2个女婿,2个媳妇,1个外孙)。正如金击强所说:"毕业于一所大学校友人数之多、跨度之久、感情之深、受益之大,在中国大学中也是少有的。"

● 一对老人,牵怀母校一甲子

"到了吗?怕你们找不到地方,我去接你们。"刚到北京,金击强老人就打来电话。已经82岁的老人,腿脚不太灵便,但仍然冒着三十七八度的高温,步行去接记者。十几分钟后,走到了他们在和平里的家,金击强的老伴杜静远早已准备好了酸梅汤。对于这对离开母校已经一个"甲子"的老人来说,河南和母校来的朋友已似亲人。

"神九升天,蛟龙入海,我们的母校河大百年校庆,今年对国家,对我们家庭和个人来说,喜事特别多。"金击强说,今年是母校将他送入航空工业的第60个年头,而60年前的相送,也正是他一生钟爱的事业的起点。"我们的外孙女,今年也从耶鲁大学研究生毕业了。"杜静远笑着说,如果追溯起来,这一切都来源于60年前老师的那场"撮合"。

事实上,对金击强和杜静远来说,河大不仅是他们爱情的起点,也是一生中最重要的转折点。

● 新中国成立后河大的第一届学生

没有什么比一对满头白发的老人的回忆更动人,尤其是说起他们的初恋,以及对母校的情谊。这对已相濡以沫大半辈子的老人,头靠在一起,翻看老照片。时光,也将我们带到了半个多世纪前。

金击强老家在武汉。入大学前,他一直在生存线上挣扎,幼年时随着父亲制卷烟、酸梅汤,在马路边摆摊求生。1950 年,金击强通过武汉中南地区统考,进入河南大学数理系物理专业。新中国成立初期,百废待兴,金击强幸运地成为新中国成立后河大招收的第一届大学生。"我们数理系这一届只有 20 个学生,12 个物理专业,8 个数学专业。"金击强说,他们物理专业差不多是"和尚班",只有 1 个女生。同学的年龄更是参差不齐,年龄最大的一个,孩子都已经上中学了。

而杜静远则出生在开封的一个大家庭,兄弟姐妹甚多。她的大哥杜孟模 1925 年考入北京大学,回家乡任教后是开封有名的老师。"我想成为一个像大哥一样的老师。"1951 年,杜静远从农村小学任教回到开封,虽然当年大学统考时间已过,但适逢河大补招,因而得以考入河大数理系数学专业。

"入校第一课是人生观教育,学生都要进行'明德,新民,止于至善'的校训教育。"金击强回忆说,河大朴实治学精神几十年都未改变,这新生第一课让他至今难忘。

● 考上河大,"掉福窝里了"

1949 年,新中国刚刚成立,百废待兴,国家和高校都是如此。那一年,在财政十分困难的情况下,省人民政府给河大小麦 580 万斤(折合人民币 70 万元)。学校量入为出,精打细算,解决了教职工工资、学员生活以及行政经费问题,并修缮了部分校舍。

"我们那时候能考上河大,特享福!"杜静远说,当时上大学一分钱也不用交,每个月还发 1.5 元的生活费,还发草帽、毛巾等生活用品。"上了大学,基本上家里啥都不用操心了,他们都说我'掉福窝里了'!"

"我们吃饭也是随便吃,不用掏钱。有时候几个星期还能吃一次荤菜,改善生活。"杜静远说,当时人们生活条件很差,吃菜有点"肉腥儿"就像过年一样。而当时,河大学生住宿条件也不差。在河大的东三斋,四个人一间宿舍,中间是桌子,每个人还有书架。

● 朴实羞涩的恋爱

说起 60 年前两人的这场"校园恋爱",两位老人脸上微微泛起红晕。

"因为一个系就那么三四十个学生,我一入校就和他们班的学生混熟了。"杜静远说,而他俩那时都在学生会工作,金击强是生活部长,自己是女生委员,很快就熟悉了。

1951 年,河大学子为支持抗美援朝排练话剧,数理系女生少,剧中一个女角色一直是由金击强"男扮女装"扮演。杜静远入校后,这个角色就归了她。

杜静远还记得很清楚,那时候宿舍前面有一块新砌的洋灰地,金击强经常在那滑旱冰,潇洒的身影吸引了不少女生。当时的杜家,在开封是个大家庭。杜静远热情开朗,很喜欢带同学到家里玩。大二时候,她就带着金击强和其他同学回过家。渐渐地,两颗年轻的心越来越近。

金击强说,河大学习期间,他们有机会参加考城(现兰考)"土改复查",接受贫下中农再教育,和农民同吃同住。爱情萌芽,在"革命感情中慢慢慢慢成长起来"。

● "校园婚礼"

1953年,国家第一个五年计划开始实施,大规模经济建设急需大量人才。在这种形势下,金击强那一届学生提前一年毕业。当时国家的航空航天事业刚刚起步,他被分配到北京的国家重工业部第四局(航空工业局)工作。而杜静远则根据院系调整规划,被并入湖南大学数学系。在这样的情况下,数理系主任程锡年教授建议:你们干脆办个结婚证吧。这个建议,当时也得到了所有人的支持。于是,在系辅导员姚俊哲帮助下,于1953年8月8日,由程锡年教授证婚,金击强和杜静远在学校举行了结婚仪式,系里的老师、同学和部分亲属参加。结婚仪式只花了20块钱,买了些花生、瓜子、糖果,请同学和老师在一起开了个茶话会。而两位主角,也都是穿了件普通的衬衫,胸前戴了一朵大红花,就算结婚了。

"我们的结婚照是在东三斋宿舍门口,和同学、老师、家人照了一张全家福。"杜静远说,这张有50多人的"结婚照"他们珍藏至今。对于当初学校方面的支持,金击强也很感慨:"河大,决定了我们一生。"

● "我们一辈子感激母校"

"新婚之夜是在东三斋的宿舍度过的,老师们专门给我们腾了一间宿舍。"杜静远说,新婚第三天,也就是1953年8月10日,金击强乘火车远赴北京报到。

1952年,中国开始大规模调整高等院校。1953年,河大在院系调整中,不少院系被调往省外:水利系迁往武汉,与武汉大学水利系等合并成立武汉水利学院(后曾更名武汉水利电力大学,现武汉大学工学部);植物病虫害并入华中农学院(今华中农业大学);畜牧兽医并入江西农学院(今江西农业大学);土木系和数理系数学专业并入湖南大学。

1955年杜静远从湖南大学毕业后,直接分配到北京市教育局,一直在北京市女三中任教(后改为159中)。夫妻两人得以重聚厮守。杜静远说,毕业分配决定人一辈子的命运,她的同学很多分配到新疆、黑龙江、四川等地,"要不是在学校就结了婚,我俩也不可能相聚。我们一辈子感激母校。"

● 一个家族共有17人到河大求学

除了杜静远夫妇与河大有着深厚的渊源外,杜家一家堪称"河大之家"。"我们杜家是个大家庭,同一个爷爷的堂兄妹按年龄排序,男的有16个,女的有14个。"杜静远说,家里共有17人先后在河大求学。

杜静远的五姐杜启远1937年考入河大医学院,同年参加由嵇文甫、范文澜创办的河大"抗敌训练班"并任该班中国共产党支部委员、女生大队长。

"我和五姐的感情很深,小时候她特别喜欢我,经常带我玩。"杜静远说,自己后来考河大,潜移默化中也受到杜启远的影响。

1938年2月,杜启远在河南郾城话剧团任党支部委员,开封失守后受党组织委托带杜智远(杜静远三哥、抗敌训练班学员)和一批年轻队员前往延安。同年8月进入延安大学。1963年杜启远根据工作需要重回部队工作,1988年被授予中国人民解放军二级红星功勋荣誉奖章(军职)。

"我五姐对河大的感情是非常深的,她一直说,'我虽然离开了河大,但是却一直在河大人中间。'"杜静远说,杜启远多年挂念着母校的发展,1992年河大80年校庆时,她还曾和杜静远一家专门回到母校庆贺。

● 河大严谨校风成为家风

自20世纪30年代开始,杜家人的命运和河大紧紧联系在了一起。杜静远的七叔杜淮生毕业于河大,在杜家校友中辈分最高,为教育事业奉献了一生。杜静远的大哥杜孟模是我国著名数学家、教育家,两次在河大任教达4年之久,曾任河南省副省长,是全国人大代表、全国政协委员。杜家五哥杜成远,毕业于河大农学院,曾任河北农专教授;大姐杜秀远,是河大生物系学生,后在河南省教育厅工作;大姐夫刘浩,是杜秀远同班同学,也从事教育工作;三姐杜琴远,河大医学院毕业,在上海从事医务工作;十一弟杜翔远,毕业于河大医学院,现为开封第四人民医院主任医师……金击强说,杜家是个大家庭,现在还有很多人在开封,可能河大人远不止17口了。

"河大历史已届百年,我家最早的'老河大'就读于20世纪30年代,'小河大'就读于20世纪八九十年代,中间一直没有间断过。"杜静远说,杜家四代河大人,见证了河大这所百年名校的岁月起伏和发展变迁,"河大严谨的学风和进取的精神,已经成为杜家家风的一部分。"

"毕业于一所大学校友人数之多、跨度之久、感情之深、受益之大,在中国大学中也是少有的。"金击强说。

● 要回母校过"钻石婚"

"百年学堂里一甲子情缘/将日月分秒舍去/用白染发鬓,催下轮相遇……"这是在他们的自传《岁月如歌》中,金击强写给夫人的诗句。而夫妇俩相濡以沫60年,也一直是旁人眼中羡慕的"神仙眷侣"。

母校的培育,也为他们的事业和家庭,打下了良好的基础。金击强1965年任航空工业部生产局仪表处副处长,1988年任航空航天部民品司司长,1990年任航空航天部民品总公司总经理。两人育有三个女儿,大女儿金其明现在是中国航天科技集团总工程师。

自80周年校庆后,金击强夫妇每年都与学校联系。校领导去北京,也都会去看望他们。而一有机会回到母校,他们两人也都会专门去新婚之夜留住的东三斋门口留影纪念。今年年初,两位老人从自己省吃俭用的退休金中拿出5万元,捐给了母校。"我们今年一定要回学校参加百年校庆,学校还说要给我们提前过钻石婚呢!"杜静远说,到那时,他们一定要在东三斋前再留下一张合影。

(1953届毕业生:金击强,杜静远)

我的河大缘

我是农村高中毕业的农村学生,1987年考入河大物理系。我报考河大,是缘于高三班主任到河大进修回去后对河大的各种赞叹。

1987年9月11日到河大报到时,与校园的厚重同样令人震撼的是精致入心的宿舍安排。我所住的学9公寓114房间有4张高低床,床的立柱上贴着8张红色的长方形小纸片,每张纸片上写着一个同学的名字。后来才知道,这是我们的辅导员王宏华老师亲自书写、粘贴的,8个同学来自8个地市,农村、城市搭配,北京来的几位同学每个宿舍一位。我领到的被子、席子、洗脸盆、毛巾被上,都印着"河大公寓,870077"字样。

河大物理系87级共有102位同学。辅导员王宏华老师比我大两岁,身高超过1.75米。照相时,她总能想办法使照片效果看起来自己和我们这些1.65米的同学差不多高。四年里,不管是面对大风大浪,还是我们的身心健康、学业得失,她总是顶在最前面,呵护着我们。

我当年是立志教书的,高考志愿全部填写的师范院校。大四时开教法课,每位同学都要讲一节课。我到书店街买了一本教案集,很认真地准备了一节。讲完后教法老师评课,说我不是"备"了一节课,而是"背"了一节课,讲课时就像是在复述"别人的孩子"多大、多高、啥脾气爱好,而不是发自肺腑、如数家珍地介绍"自己的孩子"。实习期间,教法老师先坐汽车到尉氏县城,指导完在那里实习的同学后,我们用自行车把他接到洧川,对我们在尉氏三中实习的四位同学进行逐个检查指导。

1991年毕业回到南阳县,在县教育局组织的152名应届师范毕业生(含本科、专科、中专)试讲比赛中,我得了第一,引起县教研室关注。1993年参加南阳地区优质课比赛,得了高中物理学科第一名,被推荐参加河南省1995年优质课比赛,得了一等奖。1995年7月,我在南阳市五中从高一带到高三的学生也参加高考了。我教的两个班物理平均626分(标准分),全校平均601分,比南阳市物理学科第二名的学校高25分。由于物理成绩太突出,南阳市五中总评全市第一。荣誉接踵而来:作为唯一的教师代表,在全市教育工作会上作题为《我的三年半》的典型发言;市优秀教师;学校团委书记、教务处副主任、教科室主任、年级主任……2000年,老教研员退休,我接班成了南阳市基础教研室高中物理教研员。

教书教成这样,我是知足的;教书能教成这样,我是感恩母校河大、感恩母校老师的。我们是河大孕育出的一片片绿叶,流淌出的一股股清泉,带着母校的寄托,怀抱初心,梦想荫兴百业、泽润众生,根与源在河大。

2019年,河大出版社出版《名师导悟》系列丛书,我撰写了高中物理部分。责任编辑陈国剑老师当年教我们实验课,现在教我怎么写书。我所教的学生中,也有很多考入河大物理系。33年,河大缘改变着我的人生梦,成就了我的事业心,鞭策着我永不懈怠、止于至善。

作者吴长立,男,1968年生,河南南阳人,河南大学物理系1991届毕业生。1991-2000年在南阳市五中任教,2000任南阳市基础教研室高中物理教研员。

(1991届毕业生:吴长立)

生活不仅是眼前的苟且，还有诗与远方

我叫孙亚灵，是河南大学1987级物理系学生。我是被保送上大学的——当年被高中学校推荐参加了河大的保送生考试，成绩合格后被提前录取，没有经历当年的高考。很多年后因为需要学历认证，我才从学校那里拿到了自己当年的保送成绩。没想到自己当年英语考试是全校第一名（95分，满分100），但是数学差不多是录取学生中的最后一名！我是偏文科的理科生，数学、物理都不好，所以进入物理系以后学习十分吃力。刚进大学那会儿，一直强烈地想要转专业，但还是坚持在物理系学完了大学课程。大学毕业的时候曾经跨专业考研没有成功，后来一直在郑州的一个中学里工作。先是教物理，后是做心理老师和职业规划老师，每年高考的时候帮助很多学生做职业规划和高考志愿填报，这也算是弥补了一下我自己当年报考的一些遗憾吧。

我知道，现在大学里仍然有很多同学因为这样或者那样的原因不喜欢自己的专业。作为一个过来人，我自己的看法是，高中时期应该及早做职业规划，了解自己的优势和劣势，了解自己的兴趣特长和职业性格，了解大学的专业以及自己将来想要的生活，避免将来在大学里选到自己不擅长的专业，学习的时候不能得心应手，自己不开心。当然，这只是一个方面，很多时候我们不喜欢自己的专业未必是这个专业完全不适合自己，有时候完全是人为给自己设置的心理障碍。所以，如果时光倒流，重新回到大学校园，我一定会重新审视自己的专业，至少不会像以前那样茫茫然随波逐流和被动消极等待。

印象中物理系的老师对大家都很好，上课时兢兢业业，对同学们都和蔼可亲。除了理论课，还有很多物理实验要做，很多实验也十分有趣，比如全息照片，给镜子镀膜等。

我们的辅导员王宏华老师刚毕业留校，跟我们年龄相差不大，像个大姐姐一样，每当同学有生病住院的时候，她都是跑前跑后地忙碌，承担起家长的责任，我记得同学程红梅做阑尾炎手术，她亲自代表家长在医院签字。

可惜我们那时候学习并不十分用功，除了上课时间，在教室、图书馆看书学习的时间不是特别多，反而是下午课外活动在操场锻炼的时候时间特别久。我记得我们宿舍几个女生都十分喜欢运动，打排球、羽毛球的时候最多。除此之外，就是周末的电影和舞会了。学校大礼堂的电影周末场几乎是常常爆满，很多系的大教室里在周末会举办

刚入校时辅导员王宏华（前排左一）带领大家在飞机场参观

一些交谊舞舞会。大家随意进入，轻易可以认识不同系别的同学，很方便就可以交流。学校图书馆藏书很多，可以从图书馆借书或者去阅览室直接阅读，还可以在图书馆自修或复习功课。学校的电教馆经常会有很经典的老电影可以买票去看，《乱世佳人》《魂断蓝桥》《卡萨布兰卡》这些经典的电影大家都是在这里看到的，认识了费雯丽、克拉克·盖博、英格丽·褒曼、罗伯特·泰勒这些国际巨星。

我们还会与一些别的系的男生宿舍结为友好宿舍，周末大家一起去野炊、春游、秋游。我记得去过朱仙镇、黄河边、野鸭湖、泰山等，大家一起出游的日子还是挺嗨的。

刚入校时和同宿舍同学一起去看菊展

每到期末考试时，大家都很紧张，生怕挂科，最后拿不到学位证，我都会焦虑得睡

五一劳动节和同学一起爬泰山

不着觉,好在最后顺利拿到了毕业证和学位证。但是考研和考双学位就没有那么幸运了,因为跨专业,屡屡失手。毕业后我被分配到郑州一所中学教物理,一直很勤勉地工作,但是工作业绩平平,我知道物理不是自己的特长,但是没有找到新的工作之前我觉得必须好好干好这份工作,是因为我知道理想再丰满,也必须先过好眼前的苟且。大学毕业后也有很多同学通过自己的努力去做了跟物理专业不相干的工作,当然也有一直坚持在物理教学或相关研究领域的,我们年级长冉广照一路过关斩将,读到了北大的物理学博士再留校,听说现在已经是教授了。还有刘玉华、程红梅等几个同学去国外深造,做着研究工作。他们一直是大家钦佩的偶像。也有像我这样中途改弦易张的。我35岁的时候找到了自己努力的方向,去读了心理学研究生,考取了国家二级心理咨询师和职业规划师等证书,在这个领域里做着自己喜欢的事情,也算得心应手,在业界也逐渐有了一点知名度。我那一届的同学王莉、董慧芳、刘文霞几个女生通过自己的努力去了北京,在北京都有自己的一席之地,也是很不错的了。王莉前几年还回母校河大作报告。想起上大学时貌似我们都不太喜欢自己的专业,她后来做的事业听起来高大上,类似于国际文化交流,也算成功人士了。更多的同学在平凡的教学岗位上兢兢业业,发光发热,像蜡烛一样燃烧自己,照亮很多孩子的前程。毕业10周年的时候大家相聚母校,话离别,聊现实,依依不舍。特别欣喜的是,前几年遇到的很多老同学交谈后发现,大部分的同学不仅自己工作事业经营得有声有色,下一代大部分都去了很好的高校进行深造,有几个同学的孩子青出于蓝而胜于蓝,比父辈们更出色,这些无疑与大家所受的教育以及选择的职业有很大的渊源和关系。

开封令人印象深刻的就是马道街的夜市,还有龙亭、铁塔、相国寺、包公祠这些古迹,高中同学考上大学后四散在全国各地,那时候虽然不富裕,大家还是非常注重友情,同学之间不仅书信往来频繁,过节时都会收到一堆贺卡,时不时还会有外地同学过来玩。陪着同学去吃第一楼的包子和去相国寺、龙亭、铁塔公园参观是必选的项目。我记得包子是3块钱一笼,铁塔公园的门票是5分钱,差不多每个学期都要和同学去很多次。

大礼堂是学校标志性建筑之一,大家都喜欢在这里留影

大学里很多建筑古色古香,我们喜欢在校园里散步,大礼堂前、古城墙上是大家最喜欢去的地方。除了第一楼的灌汤包子,学二食堂的馄饨、炝锅面、烧饼也是大家所爱,我还在大学里跟同学学会了溜旱冰和游泳,每天下午在操场上的驰骋竞赛为我以后身体素质好、工作中能够抗高压和抗高强度的任务奠定了良好的基础,这一点是我大学里觉得最值得自豪的经历。我们在学十公寓的222寝室几乎每个人都喜欢运动,大家差不多可以组建一个排球队去打比赛,可惜物理系女生少,在集体比赛项目上总是不及中文、外语的女生厉害,不过男足倒是很不错,记得他们好像进入过全校的决赛。

四年大学生活中学校和系里的活动很多,迎新生联欢会、毕业联欢会、迎新年联欢会等。每年的"12.9"合唱比赛是每个系都很重视的活动,系里会邀请音乐系的专业老师来带领大家排练,教大家怎么哼鸣发声和排列队形。当然,每年学校举行的校园歌

参加学校运动会开幕式

参加学校"12.9"合唱比赛

手大奖赛却是所有文艺爱好者的一场盛宴。我记得有个很帅的男生好像叫马宇拿了差不多四年的冠军，每当他站在台上，下面女生的尖叫声一片，不亚于现在的偶像和流量明星。大家热衷于听齐秦和苏芮的歌，文艺青年手里拿着三毛的书，校园里还有更多童安格、小虎队、王杰的粉丝儿，有个男生因为酷爱齐秦的《狼》，还把宿舍改为"狼穴"。

　　大学里也有不开心的事，比如失恋、考试挂科以及其他不顺心的事情，同学们有了解不开的心结不像现在有心理老师可以求助，一般都是找同学倾诉，由辅导员做思想工作或者自行化解。很多的时候也会郁闷、迷茫，找不到光明和方向。不管怎样，我们都会觉得上大学是一件如此幸运的事情，茫茫人海中能与很多同学相聚是一件多么幸

大学毕业时同学们联欢

班级毕业照

福的事情。

生活中永远充满了不确定和小确幸，永远充满了奋斗和迷茫，泪水和汗水。

风一程，雨一程，无问西东河大行；塔远去，亭远去，此情可待成追忆。我们在这里迷茫过，成长过；我们流过泪，流过汗，这里留下了青春的笑声和遗憾。

无论我们被时代怎样裹挟着前进，都会留下自己独一无二的印记，我们都会听到自己内心独一无二的回声。

河大——此生最好的遇见；开封，此生最难忘的记忆！

（1991届毕业生：孙亚灵）

书香校园，点亮人生

难忘母校，难忘在河南大学物理学与电子学院学习、生活的点点滴滴。年少轻狂时，我曾吐槽过您的种种不足；午夜梦回时，为何我的心是那么的渴望回到18年前的敬学楼前……

2002年9月，拿着河大通信工程专业的录取通知书到学校报到；2009年6月，离开校园踏上军旅征程——从懵懂少年到合格军人，多少拼搏的场景，多少师长的关爱，让我拥有了在河大物理与电子学院七年最难忘的青春时光。

无忧无虑的读书时光，过得那么快，也是那样快乐。七年的校园时光，回忆起来，最开心的日子在这里。难忘毛海涛副院长对学生亲切真诚，认真负责，授课严谨而不失活泼，"数字电路"也成为我大学期间为数不多成绩考得还过得去的课程之一；难忘王清林老师，妙语连珠，把枯燥的"信号与系统"这门课程讲得精彩纷呈、条理清晰。难忘每年的元旦联欢晚会，同学们踊跃上台秀一把，没啥才艺的我在台下开心地把手拍肿了，嗓子也喊哑了；难忘河大杯篮球赛、排球赛、足球赛，我虽然没有感受到场上龙争虎斗的精彩，但在边上端茶递水、当拉拉队员、可着劲儿猛吼的体验至今还时常回味。那时的我也常吐槽，觉得在校的日子好难熬，抱怨课程安排不科学，埋怨老师们管得太多，投诉食堂的饭菜太难吃，质疑学校的各项规定不合理，总想离开校园去闯荡外面广阔的世界。毕业后参加工作才发现自己错过了最好的学习时光，那些最该学习和提升自己的时间被白白浪费掉了。我至今深为自己的轻狂和无知懊悔。

2009年的秋天，我携笔从戎，光荣加入武警消防部队，被分配到三门峡市消防支队工作，负责支队通信科和指挥中心的全面工作。我从起步的如履薄冰到后来的游刃有余，回想起来，是母校的培养给了我工作的底气，是母校的经历改变了我的命运。没有母校的那段求知时光，我绝不能从容走到今天。我在遇到困难时，总能得到母校老师和同学们的无私帮助。张强、王献伟等师长总是在我最迷茫、最无助的时候施以援手。今天想来，内心仍是阵阵暖流。要说遗憾，那就是在校时向老师们请教得不够。对他们专业上的造诣、人格上的修为学到得太少，这是最大的遗憾。

在河大物理与电子学院，遗憾的事、后悔的事不少，但唯一没后悔过的是我曾幸运地在这座校园里求知。河大教给我的何止是理论知识，那些亲身的经历，那些有意义的体验，帮助我出色地攻克工作中遇到的各种困难险阻。没有老师们传授的专业知识,就没有全省通信保障大比武第二名的成绩;没有三次备战"挑战杯"的经历,就没有全支队讲课时让战友交口称赞的课件;没有七年的学生干部经历,就没有我在组织训练时的镇定自若。我明白,这些底气都源于曾在学校接受的熏陶。在学校的七年,我拿到的何止一纸文凭,更重要的是开阔了眼界,学会了方法,强化了修养,完善了自我。应该说,走进河大和走出河大的,已不是同一个"我"。

告别母校13年了,对学校那份感情随时间的流逝愈加浓烈,时常会想起在河大校园学习生活的情形,想到张强老师温和的笑脸,想到王献伟老师和李峰老师对我的肯定,母校的经历总是在我需要的时候给予我力量,促使着我成才,使我在不可能中创造可能。感恩母校,也希望母校越来越好。

最后,我想说:"明德新民、止于至善"是铭刻我一生的格言,"嵩岳苍苍,河水泱泱"是伴随我一生的旋律,无论我走到哪里,"铁塔牌"是我一生的标签。

(2009届研究生毕业生:谢超飞)

二、历史瞬间

1956年,物理系教师教学研讨会

1982年,王德建教授验收购置的真空镀膜机

1983年,学校领导同到校讲学的何祚庥院士(前排中)合影

1984年10月,时任北京大学校长周培源院士(左二)参观王德建教授设计的全息实验设备

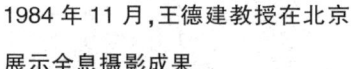

1984年11月,王德建教授在北京展示全息摄影成果

1986年,著名物理学家袁家骝博士(右三)到校访问

朱自强教授(左一)在国际学术会议上与同行交流

1988年,我校召开LB膜研讨会

1992年,河南大学80周年校庆,系领导同王勉老师(左一)座谈

1999年,邀请侯洵院士(右三)到校指导工作

2002年,河南大学90周年校庆,举行学术交流活动

2002年,河南大学90周年校庆,校友回校赠送礼品

2002年,莫育俊教授指导研究生做实验

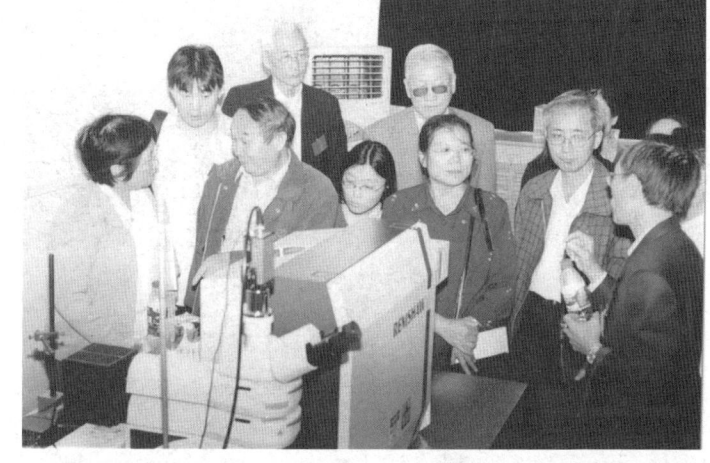

2003年,日本学者到校同莫育俊教授交流

2005年,王占国院士(右)到校指导工作

2006年,名誉院长侯洵院士来校指导工作

2007年,莫育俊教授(中)带队参加第14届全国光散射学术会议

2007年,丹麦皇家科学院院士、丹麦 Aarhus 大学 Flemming Besenbacher 教授到校访问

2010年,王占国院士(前排右三)主持河南省光伏材料重点实验室学术委员会会议

2012年,邀请陈立泉院士(左一)来院指导工作

2012年,第十七届全国化合物半导体材料、微波器件和光电器件学术会议在我校召开

2012年，南京大学金国钧教授为我院青年教师授课

2013年，诺贝尔物理学奖获得者崔琦教授(中)到访河南大学

校友刘燕京博士回校讲学

美国 IEEE 会士、台湾成功大学李清庭教授来我院交流

2013 年,第 11 届全国固体缺陷学术研讨会在学校召开

2015 年,硕士研究生左思源参加河南省硕士研究生英语演讲比赛,获得一等奖

2015年,邀请李家明院士(左二)到校指导工作

2016年,国家级物理与电子实验教学示范中心获批

2016年,长江学者、上海交通大学马红孺教授(右)受聘我校讲座教授

2016年,国家杰青、清华大学鲁巍教授(右)受聘我校讲座教授

2016年,国家杰青、中国科学院物理演技所李泓研究员(中)来院访问并作学术报告

2017年,美国橡树岭国家实验室首席科学家戴胜研究员(前排左三)应邀来

2017年,巴莫公司董事长吴孟涛受聘我校讲座教授

2017年,刘平安老师带领学生参加全国大学生物理实验竞赛

2018年,国家杰青、湖南大学文双春教授(中)受聘我校客座教授

2018年,欧洲科学院院士、伦敦大学学院(UCL)数理学部部长 Ivan P. Parkin 教授(中)受邀来访

2018年,爱因斯坦世界科学奖得主、能源界最高奖—埃尼奖得主、中国科学院外籍院士王中林(左)到校指导工作

2018年,中国科学院院士张肇西(右二)偕夫人赵理曾(右三,赵九章院士之女)受邀来访

2019年,在校举办纳米碳材料高峰论坛

2019年,第7届中国物理学会女科学家巡回报告会在学校召开

2019年7月,刘平安、魏凌和付春玲等教师带领学生参加第五届全国大学生物理实验竞赛

2019年7月，学生参加第五届全国大学生物理实验竞赛获奖合影

2019年9月，河南大学首个校友秩年返校日，1964届物理专业部分校友返校

2020年，国家杰青、北京科技大学陈骏教授来访

2020 年,"兼具高亮度和高效率的量子点发光二极管"获评 2019 年度中国光学十大进展

2020 年 12 月,赴平顶山实验高中开展青少年科技教育精准服务活动

2020 年,物理学科"十四五"发展规划论证会

2020年,国家杰青、江南大学刘天西教授(前排右二),国家杰青、中科大余彦教授(前排左三)一行来访

2021年,国家杰青、校友杨金民教授受聘母校讲座教授

2021年,国家杰青、吉林大学宋宏伟教授(左)来院作报告

2021年7月,刘平安(右三)、魏凌(右二)老师带领学生参加全国大学生物理实验竞赛

2021年,我校理论物理基础研究联合中心揭牌

2021年,龚新高院士(左)受聘我校理论物理基础研究联合中心名誉主任

2021年,我校理论物理基础研究联合中心成立仪式

2021年,国家杰青、北京大学刘开辉教授来校作报告

2021年,国家杰青、北京计算科学研究中心夏钶教授来访

2021年，国家杰青、苏州大学李亮教授来院作报告

2021年，国家杰青、中国科学院长春应用化学研究所林君研究员来院作报告

2021年，国家杰青、中国科学院化学所曹安民研究员来院作学术报告

2021年,中国科学院青年创新促进会信息与管理分会年会在我校召开

2021年,承办中国科学院青年创新促进会信息与管理分会年会

2021年,邀请长江学者、国家杰青、河南大学副校长王学路教授作科研项目申报经验分享报告

2021年,河南大学英才计划综合实践活动

2022年,中国科学技术大学张振宇教授来访

三、毕业生照片

本生科照片

1964 届毕业生合影

1966 届毕业生 2004 年返校聚会合影

1977 届毕业生合影

1980 届(1976 级)同学返校聚会合影

1981 届毕业生返校聚会合影

1982 届(1978 级)毕业生合影

1983 届毕业生合影

1984 届毕业生合影

1985 届毕业生毕业十年合影

1986 届毕业生合影

1987 届毕业生合影

1988 届毕业生合影

1989 届毕业生合影

1990 届毕业生合影

1991 届毕业生合影

1992 届毕业生合影

1993 届毕业生合影

1994 届毕业生合影

1995 届毕业生合影

1996 届毕业生合影

1997 届毕业生合影

1998 届毕业生合影

1999 届毕业生合影

2000 届毕业生合影

2001 届毕业生合影

2002 届毕业生合影

2003 届毕业生合影

2004 届毕业生合影

2005 届毕业生合影

2006 届毕业生合影

2007 届毕业生合影

2008 届毕业生合影

2009 届毕业生合影

2010 届毕业生合影

2011 届毕业生合影

2012 届毕业生合影

2013 届毕业生合影

2014 届毕业生合影

2015 届毕业生合影

2016 届毕业生合影

2017 届毕业生合影

2018 届毕业生合影

2019 届毕业生合影

2021 届毕业生合影

研究生照片

2006 届毕业研究生合影

2007 届毕业研究生合影

2010 届部分毕业研究生合影

2011 届毕业研究生合影

2014 届毕业研究生合影

2016 届毕业研究生合影

2017 届毕业研究生合影

2018 届毕业研究生合影

2019 届毕业研究生合影

2020 届毕业研究生合影

2021 届毕业研究生合影

参考文献

[1] 河南大学档案馆,河南大学校史编纂研究室. 河南大学史料长编:第五卷(1948-1952)[M]. 开封:河南大学出版社,2013.

[2] 刘卫东. 河南大学百年人物志[M]. 开封:河南大学出版社,2012.

[3] 《河南大学统计年鉴》编委会. 河南大学统计年鉴[M]. 开封:河南大学出版社,2014-2021.

[4] 宋纯鹏. 一篇未完成的文章[EB/OL]. 河南大学校友总会,(2015-04-23)[2021-05-20]. https://xyh.henu.edu.cn/sjhd/xyfw/show-2867.html.

[5] 邵月正. 人生的追求[J]. 河南科技,2000(12).

[6] 李丹,高顺欢. 纸上得来终觉浅,绝知此事要躬行:物理与电子学院文化建设纪实[EB/OL]. [2021-05-20]. http://phye.henu.edu.cn/info/1054/6075.htm.

[7] 吴继娟,杨艺,董育聪,等. 王渊旭:用生命溅起历史洪流的浪花:追记河南大学师生心中的"黄大年"[N]. 河南大学报,2019-10-20(04).

[8] 欧阳培敏. 白莹:科教路上的奋斗者,勇攀高峰的领路人[EB/OL]. 中国教育在线河南站[2021-05-20]. https://www.eol.cn/henan/hengd/202204/t20220401_2218413.shtml.

[9] 郭婷婷,田昊,王淑雅,等. 张锦龙:开张天岸马,奇逸人中龙[N]. 河南大学报,2017-06-20(04).

[10] 宋红胜. 他把"量子力学"讲成了"大白话"[N]. 河南商报,2020-12-02(A09).

附录

院风

敬业励学　求是创新

院训①

复性正心　格物穷理

院徽②

---

① 院训出自〔明〕方孝孺《答郑仲辩》："其无待于外，近之于复性正心，广之于格物穷理。"选用"复性正心，格物穷理"为院训，既与河南大学校训"明德，新民，止于至善"一脉相承，又体现了我院的学科特色。

② 院徽的设计与院训"复性正心　格物穷理"相统一。其中，P 和 E 分别是物理(physics)和电子(electronics)的英文首字母，加上下面的波纹是变形的理科(science)的首字母 S 和工科(engineering)的首字母 E。整个图形以物理和电子元素为载体组合而成，并隐含学院由理科和工科两大学科组成，既符合院名，又符合学院的专业特点。形似帆船，寓意着在知识的海洋扬帆起航、面向未来。1923 为学院的建系时间；波浪的形象更加突出河南大学的字面特点。蓝色是博大的色彩，表现出一种美丽、理智与洁净，同时也代表着蔚蓝的天空和浩瀚的海洋、代表宽容与包容。